Markus Schneider, Margareta Schneider, Michael Guggenberger

Das Reinheitsgebot fürs Haus

Schadstofffrei bauen - gesund wohnen

LEAN media verlag

Impressum

Die Recherchen und Untersuchungen zu diesem Buch sind in einem Zeitraum von über 2 Jahren begleitend zur Planung und zum Bau des Massivholzhauses entstanden.

Die Deutsche Nationalbibliothek verzeichnet diese Publikation in der Deutschen Nationalbibliografie, detaillierte bibliografische Daten sind im Internet über http://dnb.d-nb.de abrufbar.

ISBN 978-3-00-039008-1

Gesamtherstellung: LEAN media verlag
Fotografien: Verena Schneider und Margareta Schneider
Druck und Weiterverarbeitung: Bosch-Druck GmbH, Ergolding
www.leanmedia-verlag.de

FSC®
www.fsc.org
MIX
Papier aus verantwortungsvollen Quellen
FSC® C011862

Widmung

Dieses Buch widmen wir unserem (Schwieger-)Vater Werner Schneider, der 2009 nach kurzer, schwerer Krankheit an einem Krebsleiden verstorben ist. Die Suche nach dem Warum hat uns zur intensiven Auseinandersetzung mit den Themen Gesundheit und Chemie im Hausbau bewegt.

Margareta und Markus Schneider

Vorwort der Bauherren

Ein Haus ist für die meisten von uns die größte Einzelinvestition unseres Lebens. Das will gut überlegt sein. Unser Traum war es, ein gesundes, energieeffizientes und wertbeständiges Haus zum Wohlfühlen zu verwirklichen. Ein weiterer wichtiger Punkt, der uns alle betrifft, ist unser "ökologischer Fußabdruck", den wir durch unsere Lebensweise hinterlassen - somit spielt auch die Nachhaltigkeit des Baus eine Rolle.

Wir, die Bauherren Margareta und Markus Schneider, haben uns intensiv mit dem Thema nachhaltiges, ökologisches und gesundes Bauen beschäftigt und festgestellt, dass es praktisch keine Ratgeber zu dieser Materie gibt. Es fehlt an grundlegenden Informationen, damit auch andere auf die Idee kommen, auf diese Weise zu bauen. Daher möchten wir unsere Erfahrungen in Form dieses Buches allgemein zugänglich machen. Wenn wir durch die Vermittlung der richtigen Informationen nur einige davon überzeugen, auch so zu bauen, hat sich der Aufwand gelohnt.

Unser ökologischer Fußabdruck hat sich mit diesem Niedrigstenergiehaus massiv reduziert. Wir haben allein durch den Bau ca. 80 t CO_2 eingespart. Dies entspricht dem durchschnittlichen CO_2-Ausstoß jedes Deutschen von ca. 8,5 Jahren. Auch im Betrieb des Hauses ist unser Energieverbrauch stark reduziert. Wir beziehen unseren gesamten Energiebedarf (Strom, Wärme und Warmwasser) ausschließlich aus regenerativen Quellen. Und das Wichtigste dabei ist: Wir verzichten deshalb auf keinerlei Komfort. Der Bau war auch nicht massiv teurer als andere. Sie müssen sich nur trauen, heute allgemein akzeptierte Annahmen im konventionellen Bau infrage zu stellen.

Wir sind keine Experten auf dem Gebiet des Bauens, der Baustoffe, der Energievorschriften oder ähnlichem. Wir wollten ein gesundes, wertbeständiges Haus für uns und unsere Kinder bauen. Wir geben unsere Sicht der Dinge wieder und wollen Sie Ihrerseits zum Nachdenken anregen, bevor Sie eine so weitreichende Investition tätigen. Das "Reinheitsgebot fürs Haus" war dabei unsere einfache Handlungsmaxime während der Planungs- und Bauphase durch das selbst für Experten kaum durchschaubare Dickicht der Bauindustrie, der Baustoffe und der Baubiologie.

Damit dieses Buch aber auch ein fundierter Ratgeber in Sachen Bauen ist, wird jedes Thema zusätzlich von Hr. Michael Guggenberger aus Expertensicht beleuchtet. Herr Guggenberger ist diplomierter Bauingenieur und beschäftigt sich seit vielen Jahren mit dem Bau nachhaltiger Vollholzhäuser. Er und seine Frau, die als Architektin tätig ist, haben uns während der Planungs- und Bauphase unseres Hauses umfassend beraten und betreut. Die Idee ist, Ihnen mit diesem Aufbau des Buches beide Seiten zu vermitteln - die Seite des Bauherrn und die Seite des Experten. Der jeweilige Autor wird an den (Unter-)Kapiteln angegeben.

Wir möchten uns für die Unterstützung der Handwerker und Planer aus dem "Bundwerk für nachhaltiges Bauen" bei der Realisierung unseres Traumes vom gesunden Haus bedanken. Besonderer Dank gilt auch unserer Architektin Frau Ingeborg Guggenberger für den gelungenen Entwurf unseres Hauses. Bei der Umsetzung dieses Buches bedanken wir uns bei Frau Barbara Linder, die uns bei der Recherche zum Thema Wohngesundheit tatkräftig unterstützt hat.

Juni 2012, Margareta und Prof. Dr. Markus Schneider

Vorwort des Experten

Seit mehr als 20 Jahren beschäftige ich mich professionell mit der Planung und dem Bau von Wohnhäusern. Als Ingenieur bin ich neben den technischen Zielen stets der ökonomischsten Lösung einer Bauaufgabe auf der Spur. Doch Ökonomie einfach mit preisgünstig oder billig gleichzusetzen, hat mich noch nie befriedigt. Da gefällt mir der Begriff der Nachhaltigkeit wesentlich besser. Das zentrale Kriterium zur Beurteilung der Nachhaltigkeit ist die Lebens- bzw. Nutzungsdauer. Und wenn man den Bau eines Hauses nicht nur als Investition begreift, die sich innerhalb der 30-jährigen Finanzierungslaufzeit rentieren muss, sondern für mehrere Generationen Früchte trägt, dann erscheinen einige der heutzutage eingesetzten Bau- und Dämmstoffe zumindest fragwürdig.

Viele gleich gesinnte Bauherren haben mich bei meiner Suche nach der besten Lösung angetrieben. Stellvertretend für all die Auftraggeber, die ich im Laufe vieler Jahre beraten durfte, möchte ich an dieser Stelle dem Ehepaar Schneider für Ihr vorbildliches Engagement danken. Der Wunsch nach einem "gesunden und wertbeständigen Haus für unsere Kinder" sollte von möglichst vielen Bauherren so konsequent verfolgt werden wie vom Ehepaar Schneider. Vielen Dank für Ihre Bereitschaft, für mehr Nachhaltigkeit (=Werthaltigkeit über mehrere Generationen) mehr Geld zu investieren. Einige engagierte Bauschaffende haben mich bei der Umsetzung der Ideale unterstützt. Ohne das wertvolle Fachwissen der Handwerker aus dem "Bundwerk für nachhaltiges Bauen" wäre dieses Haus nie entstanden. In der Theorie lässt sich das Ideal leicht planen, doch das Werk braucht die nachhaltig eingestellten Handwerker, die es unbeschadet in die Realität umsetzen, ohne dabei geltende Normen und Fachregeln zu verletzen. Von der Bauindustrie ist in dieser Hinsicht keine Unterstützung zu erwarten.

Gerne lege ich in diesem Buch meine jahrelangen Erfahrungen im Bereich des ökologischen Bauens nieder. Es ist ein allgemein verständlicher Leitfaden zum Bau von nachhaltigen Häusern, geschrieben für den technischen Laien mit Bauabsicht, der sich im Dschungel der Werbeversprechungen der Bauindustrie allzu leicht verirren kann. Wenn durch dieses Buch nur ein paar Häuser mehr nachhaltig gebaut werden, dann hat es sich gelohnt und mein Dank richtet sich auch an diese zukünftigen Bauherren.

Juni 2012, Michael Guggenberger

"Ich ziehe doch nicht in einen Klotz aus Glas, Stein und Beton."

Mit diesen Worten hat sich Albert Einstein für ein Haus aus Holz entschieden, das heute noch in Berlin Caputh besichtigt werden kann. [ESH]

Aufbau des Buches

Zum Beginn nochmals folgender Hinweis: Die Idee ist, Ihnen mit diesem Aufbau des Buches beide Seiten zu vermitteln - die Seite des Bauherrn und die Seite des Experten. Auf der Ebene der (Unter-)Kapitel wird der jeweilige Autor angegeben.

Wir, die Bauherren, werden zunächst in Kapitel 1 über die Idee eines gesunden Hauses berichten und einige Fragen beantworten, die wir uns anfangs gestellt haben. Was hat ein Haus mit Gesundheit zu tun? Wir beschäftigen uns mit Giftstoffen in Wohnräumen und wie diese dorthin gelangen. Alleine die Anzahl von 30.000 in der Bauindustrie verwendeten Chemikalien, von denen nur für ca. 100 fundierte Risiko- und Gefährdungsanalysen existieren, sagt uns, dass praktisch ALLES verbaut werden darf. Hier hilft nur ein "Reinheitsgebot fürs Haus" als Handlungs- und Entscheidungsprinzip. Weiterhin geht Herr Guggenberger darauf ein, was Nachhaltigkeit beim Bauen genau bedeutet.

In Kapitel 2 wird eine komplette Ökobilanz für unser Haus erstellt und mit einem konventionellen Bau verglichen. Dabei gehen wir sowohl aus Expertensicht als auch aus Bauherrensicht auf die Bauform, die Gebäudehülle und die Haustechnik ein. Dieses Kapitel ist der Versuch, die Vorteile der ökologischen Bauweise mit Holz auf wissenschaftlicher Basis, aber in allgemein verständlicher Form darzustellen.

Kapitel 3 geht auf die wichtigsten Punkte ein, die Sie vor der eigentlichen Bauphase berücksichtigen sollten. Es gibt hierzu zwar einige Checklisten und Ratgeber, die aber aus unserer Sicht doch einiges unerwähnt lassen.

Kapitel 4 vermittelt Ihnen anhand einer Fotostory einen guten Eindruck vom Ablauf auf unserer Baustelle. Die Wärmebildkamera wird zur Qualitätssicherung eingesetzt. Fehler in der Isolierung werden sofort sichtbar.

Im Kapitel 5 gehen wir auf den Betrieb und den Energieverbrauch unseres Hauses ein.

Das letzte Kapitel vermittelt einige Impressionen vom fertigen Haus. Dies soll zeigen, dass auch ein Vollholzhaus mit Lehmputz durchaus modern und ansprechend gestaltet sein kann.

Inhaltsverzeichnis

1 Die Idee - nachhaltig und gesund bauen

“Stellen Sie sich vor, man muss Ihr Haus abreißen. Wir könnten Ihr Bundwerk-Haus einfach einplanieren und mit Erde bedecken. Nach einigen Jahren wird nichts mehr davon übrig sein.” So der etwas seltsam anmutende Einstieg in ein Verkaufsgespräch für ein Haus im Frühjahr 2009 auf einer Messe, unserem Erstkontakt mit dem “Bundwerk” - einer Vereinigung von Handwerkern und Planern für nachhaltiges Bauen. Sich bereits vor Baubeginn mit dem Abriss des Hauses zu befassen, kam uns zunächst unpassend vor. Dennoch hat es uns für so manches die Augen geöffnet.

Haben Sie schon einmal beim Abriss eines konventionell gebauten Hauses zugesehen?

Dabei entstehen Berge verschiedenster Müllarten, angefangen bei den Teppichen, über lackiertes und verleimtes Holz verschiedenster Arten, bis hin zu Dutzenden Arten von Isoliermaterialien, wie z. B. Styropor, Plastikfolien, die in den Wänden als Dampfsperre dienen, oder Dichtungen, die die Häuser praktisch luftdicht machen.

Stellen Sie sich folgende Fragen:

- Kann es gesund sein, täglich viele Stunden in einem Haus zu verbringen, das nach seinem Abriss zu einem großen Teil als Sondermüll entsorgt werden muss?
- Will ich in einer luftdichten Plastikschachtel mit Kunststofffenstern, eingesperrt in Plastikfolie als Dampfsperre und umgeben von 20 cm Styropor, leben?
- Ist Holz gesund, wenn es verleimt (ob laut Herstellerangabe schadstofffrei oder nicht) oder lackiert ist und nicht einmal mehr verbrannt werden darf, sondern auf die Sondermülldeponie muss?

- Könnte es sein, dass all die Allergien und schweren Krankheiten, die immer jüngere Menschen heimsuchen, mit diesem unberechenbaren Cocktail an Wohngiften zusammenhängen, den wir durch den Mix unterschiedlichster Materialen in unseren Häusern erzeugen und durch die luftdichte Bauweise immer höher konzentrieren?

Mit diesen Gedanken im Hinterkopf macht der rückwärtsgedachte Ansatz absolut Sinn. In unser Haus darf nichts eingebaut werden, was hinterher nicht einfach und natürlich verrottet und damit in den Kreislauf des Lebens zurückkehrt.

Einer der Handwerker des Bundwerks hat dies als das "**Reinheitsgebot fürs Haus**"[1] bezeichnet. Es dürfen nur natürliche Materialien, wie unbehandeltes Holz, Lehm und Cellulose, verwendet werden. Lacke, Leime, Bauschaum, künstliche Isoliermaterialien und auch Zement sind zu vermeiden. Diese Philosophie hat uns absolut überzeugt.

Bevor wir uns für ein Holzhaus entschieden haben, sind uns eine ganze Reihe von Fragen durch den Kopf gegangen, die sich Ihnen vielleicht auch so oder ähnlich stellen. Wir möchten Ihnen im Folgenden einige der Antworten zeigen, die wir für uns gefunden haben, und laden Sie ein, selbst darüber nachzudenken, wie man **nachhaltig bauen** und **gesund wohnen** kann. Wenden wir uns zunächst der Frage des gesunden Wohnens zu.

1.1 Was bedeutet es, "gesund" zu bauen? (M. & M. Schneider)

"Krankheit entsteht im Wesentlichen durch Einlagerung von Giftstoffen - Gesundheit entsteht dementsprechend durch Ausscheidung von Giftstoffen." [REC] So lautet die These eines bekannten Arztes. Sie gibt den entscheidenden Hinweis darauf, wo wir nach den Ursachen für Krankheiten suchen müssen. Nämlich dort, wo wir Giftstoffe aufnehmen und die Aufnahme vermeiden können. Somit wären die Prophylaxe und die Ausscheidung der Giftstoffe die Therapie. Der Körper ist also eine Art Mülldeponie, in der ständig Müll entsteht, zwischengelagert und baldmöglichst beseitigt werden muss.[ROS, S. 19-25]

[1] Der Begriff "Reinheitsgebot fürs Haus" wurde erstmals von J. Egginger benutzt. Er betreibt einen Naturbaustoffhandel.

Woher stammen die Giftstoffe in unserem Körper? Der größte Teil des Mülls entsteht im Körper selbst (Ausscheidungsstoffe der lebenden Zellen usw.), wird aber auch von außen zugeführt. Hier denken wir zunächst an Alkohol, Drogen und Nikotin, Abgase und Amalgam in den Zähnen.[ROS, S. 29] Eine oft unterschätzte Quelle von Giftstoffen sind unsere Wohnräume, da wir uns ca. 80-90 % des Tages in Innenräumen befinden.[MUC, S. 4]

1.1.1 Woher stammen die Giftstoffe in unseren Wohnräumen?

Zur Innenraumbelastung zählen die so genannten VOCs (Volatile Organic Compounds), (Fein-)Stäube und Bioaerosole, zu denen beispielsweise Schimmel zählt, und die eine wachsende Rolle spielen.[MUC, S. 5]

Meist wird die Innenraumbelastung in der öffentlichen Diskussion jedoch mit den VOCs gleichgesetzt. VOC umschreibt gas- und dampfförmige Stoffe organischen Ursprungs in der Luft. Dazu gehören z. B. Kohlenwasserstoffe, Alkohole, Aldehyde und organische Säuren. Viele Lösemittel, Flüssigbrennstoffe und synthetisch hergestellte Stoffe können als VOCs auftreten, aber auch zahlreiche organische Verbindungen, die in biologischen Prozessen gebildet werden.[UBA1] Auch viele Bauprodukte und Ausstattungsgegenstände (z. B. Teppiche, Möbel, Wandfarben) können VOCs freisetzen.[UBA2]

Wenn wir von Giftstoffen sprechen, denken wir aus der Presse meist an Formaldehyd, Dioxin, Asbest, aber auch PCB (Polychlorierte Biphenyle), PAK (Polycyclische aromatische Kohlenwasserstoffe) oder die Holzschutzmittel PCP (Pentachlorphenol), Lindan und DDT sowie viele andere Stoffe, die ursprünglich geschätzte und begehrte Baustoffe waren.[BER, S. 7]

"Tragischerweise mussten Menschen erst schwer erkranken und sterben, bis Schadstoffe als solche erkannt wurden. Oft war es dann noch ein weiter Weg, bis die Wirkmechanismen aufgeklärt waren, Verwendungsbeschränkungen und -verbote erlassen wurden und gesetzliche Regelwerke zur Sanierung entstanden."[BER, S. 7]

Nehmen wir als Beispiel den eigentlich natürlichen Baustoff Holz:
Spanplatten sind billig und lassen sich gut verarbeiten. Daher werden im konventionellen Haus- und Möbelbau massenweise Spanplatten und OSB-

Platten (Grobspanplatten; engl. oriented strand board) verwendet. Diese sind im Prinzip nichts anderes als mit Kunstharzleimen vermischte und zu Platten gepresste Sägespäne oder grobe Späne (engl. strand).

Früher waren diese Platten mit formaldehydhaltigen Bindemitteln versetzt. Formaldehyd reizt die Schleimhäute und kann Kopfschmerzen und Unwohlsein verursachen. Außerdem gilt es als krebserregend. Durch die üblicherweise hohe Beladung des Raumes, d. h. die hohe Anzahl Quadratmeter Spanplatte pro Kubikmeter Raumluft, können auch noch nach 40 Jahren erhebliche Formaldehydkonzentrationen in den Innenräumen auftreten. "Eine Untersuchung in Fertighäusern aus den Jahren 1960-80 hat ergeben, dass in ca. 40 % der Häuser die Richtwerte für Formaldehyd überschritten wurden."[BER, S. 151]

Nach jahrzehntelangem bedenkenlosem Gebrauch wurde Formaldehyd plötzlich als gefährlich erkannt. Keiner kann genau sagen, wie viel Leid und Krankheiten durch diese Chemikalie verursacht wurden. Sehr erstaunlich ist daher, dass diese formaldehydhaltigen Leime durch Kunstharzleime mit dem höchst bedenklichen Stoff Isocyanat ersetzt wurden.[THO, S. 92]

Wir können aus eigener Erfahrung berichten, in welchem Brustton der Überzeugung uns verschiedene Hersteller Häuser mit Wandaufbauten aus großflächig verleimten Holzprodukten als formaldehydfrei und damit schadstofffrei verkaufen wollten. Von Isocyanat wurde aber nicht gesprochen.

Isocyanate sind äußerst reaktionsfähige Chemikalien und zählen zu den besonders gefährlichen Stoffen. Bereits kleine Konzentrationen von Dämpfen oder Stäuben in der Raumluft können ernste Gesundheitsschäden hervorrufen. Sie können die Schleimhäute reizen, zu Atemnot und Bronchitis bis hin zu Isocyanat-Asthma führen. Isocyanate finden sich in Holzwerkstoffplatten, Bauschäumen und Bauklebern ebenso wieder wie in Fertigparkett, Polyurethan-Leimen und -Lacken. Die Gefährlichkeit dieser Stoffe besteht vor allem darin, dass sie bereits in unvorstellbar geringen Konzentrationen toxische Wirkung auf lebende Organismen ausüben. Daher werden diese Stoffe neben technischen Einsatzgebieten auch **als Pestizide und chemische Kampfstoffe** eingesetzt.[BAU]. Bis auch die durch diesen Wirkstoff ausgelösten Gesundheitsschäden einer breiten Öffentlichkeit bekannt sind und Konsequenzen folgen, vergeht viel Zeit. Bis dahin werden die Labors der Erdöl- und Chlorchemie neue Ersatzstoffe entwickelt haben und der Teufelskreis beginnt von vorn.[THO, S. 93]

Bei all den beschriebenen Problemen, die durch diese Stoffe verursacht werden, ist noch gar nicht berücksichtigt, dass die Hölzer durch die verwendeten Leime in Sondermüll verwandelt werden und dem natürlichen Kreislauf von Verrottung oder Verbrennung nicht wieder zugeführt werden können.

Auch wenn der wissenschaftliche Beweis für die Schädlichkeit dieser Baustoffe an dieser Stelle nicht erbracht werden kann (und auch nicht soll), machen Sie doch einfach folgenden Test:
Schneiden Sie einen Teil einer handelsüblichen OSB- oder Spanplatte in kleine Stücke und legen Sie diese in ein verschließbares Einweckglas. Öffnen Sie nach ein paar Tagen das Glas und riechen Sie die konzentrierten Ausdampfungen des Leims. Wer das gerochen hat, braucht vermutlich keinen wissenschaftlichen Beweis mehr für die Schädlichkeit dieser Produkte im Wohnraum...

Wer sich dennoch intensiv damit befassen möchte, wie man Schadstoffe und schadstoffhaltige Baustoffe in Neu- und Altbauten erkennt, welche Risiken davon ausgehen und wie man deren gesundheitliche Relevanz bewertet, dem sei das Kompendium "Schadstoffe in Innenräumen und an Gebäuden: Erfassen, bewerten, beseitigen" des Gesamtverbands Schadstoffsanierung GbR empfohlen.

1.1.2 Warum steigt die Gefahr durch Giftstoffe aufgrund unserer modernen Bauweise?

Das Problem ist, dass sich Erwachsene in Mitteleuropa ca. 80-90 % des Tages in geschlossenen Räumen aufhalten und dass sich die Konzentration der Schadstoffe in der Innenluft durch die zur Einhaltung der Anforderungen der Energieeinsparverordnung notwendige Luftdichtheit von Räumen stark erhöht hat.[UBA3]

Abbildung 1.1 zeigt, wie die durch die Baustoffe emittierten Schadstoffe früher durch Fugen und Ritzen abgelüftet wurden. Durch die heutzutage notwendige Dämmung und die folglich auf ca. 1/10 reduzierte Luftaustauschrate erhöht sich die Schadstoffkonzentration in den Wohnräumen. Das Sentinel-Haus® Institut drückt dies so aus: "Mit modernen energiesparend gebauten oder sanierten Gebäuden schützen wir die Umwelt und das Klima, ohne emissionsgeprüfte Baustoffe und geschulte Planer und Handwerker schaffen wir uns jedoch gesundheitsgefährdende Schadstoffkäfige!"[SEH]

Es ist paradox, aber die EnEV (Energieeinsparverordnung) trägt zur Konzentration der Schadstoffe in unseren Wohnräumen bei. Der einzige Ausweg, wie in Abbildung 1.1 für "morgen" vorgesehen, ist die Reduktion der eingebrachten Schadstoffe. Auch das Bundesministerium für Umwelt, Naturschutz und Reaktorsicherheit empfiehlt, diesem Trend mit emissionsarmen Bauprodukten zu begegnen.[BMU] Wir raten Ihnen, besser heute als morgen damit anzufangen, Schadstoffe aus Ihrem Heim zu entfernen.

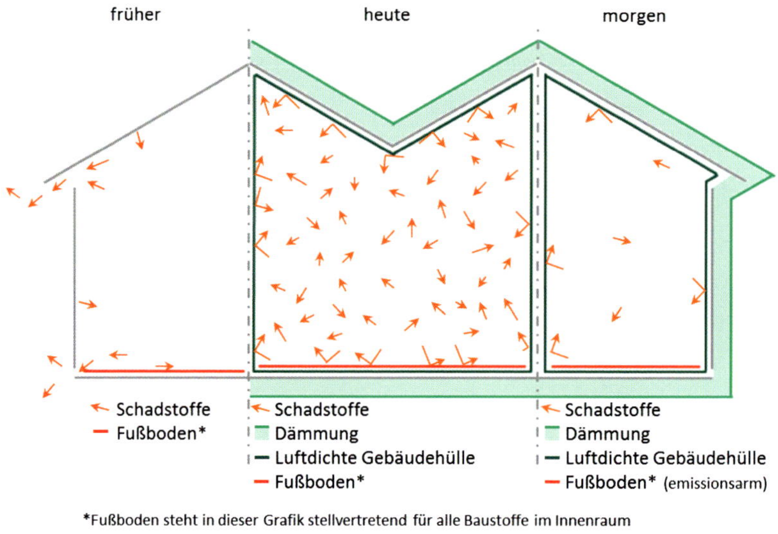

Abbildung 1.1: Das Bild zeigt, wie früher die Schadstoffe durch Ritzen und Fugen abgelüftet wurden. Durch die notwendige Dämmung ist dies nicht mehr möglich.[SEH]

Ein weiteres Problem durch die luftdichte Bauweise ist Schimmel. Schimmel entsteht durch Feuchtigkeit.[UBA4] Die Feuchtigkeit im Haus kann durch die Dampfsperren und luftdichten Fenster usw. nicht mehr entweichen. Bei mangelnder Lüftung entsteht zwangsläufig Schimmel. Einer Untersuchung der Arbeitsgruppe Raumklimatologie der Uni-Klinik Jena zufolge ist fast jeder zehnte Haushalt von Schimmel betroffen.[SCH, S. 1]

1.1.3 Warum bemerken wir diese Gefahr durch Giftstoffe nicht?

Es lässt sich verallgemeinert sagen: Immer wenn's riecht, sind flüchtige organische Verbindungen (VOCs, VVOCs oder SVOCs) daran schuld. Das gilt für eine blühende Blumenwiese genauso wie für den Benzingeruch in einem Kraftstoffkanister. Bei vielen Gerüchen haben wir gelernt, dass sie uns schaden. Kein Mensch käme auf die Idee, stinkendes Fleisch zu essen. Davor schützt uns der über Tausende von Generationen in unsere Gene programmierte Ekel vor verdorbenem Fleisch. Verdorbenes Fleisch gibt es schon immer, aber Chemikalien gibt es erst seit wenigen Jahrzehnten. Woher sollten wir also gelernt haben, welcher chemische Geruch uns nützt und welcher für uns schädlich ist?

Nachdem wir nun über ein Jahr in unserem schadstofffreien Haus wohnen, fällt uns bei Besuchen in anderen Häusern oder am Arbeitsplatz immer stärker der unangenehme, chemische Geruch auf, den wir vorher auch nicht registriert bzw. als normal hingenommen haben.

1.1.4 Warum wird die Aufnahme von Giftstoffen in der Schulmedizin praktisch nicht diskutiert?

Ein Grund mag sein, dass Medizin eine Wissenschaft ist. Wissenschaftler akzeptieren nur Phänomene, die sich eindeutig beweisen lassen. Aufgrund der Vielzahl der chemischen Stoffe, mit denen wir Menschen uns heute umgeben (Kleidung, Möbel, Nahrung, Arbeitsplatz usw.), und der Unterschiedlichkeit der Krankheitssymptome lässt sich ein klarer Beweis für den Zusammenhang zwischen einer Erkrankung und einem speziellen Baustoff nur äußerst schwer führen. Es gibt zwar definierte Krankheitsbilder wie das "Sick Building Syndrom" oder eine "Multiple chemische Sensibilität (MCS)" [BMU], doch der Nachweis der Krankheitsursache ist kaum möglich. Solange kein Verursacher eindeutig benannt werden kann, ist die Eigenverantwortung der Menschen gefragt.

Als weiterer Grund wird angeführt, dass unsere Ärzte lernen, Krankheiten zu erkennen und zu bekämpfen, nicht aber die Gesundheit zu erhalten. "Die Schulmedizin ist im Wesentlichen eine Reparatur- und Prothesenmedizin." [ROS, S. 13] Sie greift erst ein, wenn "das Kind bereits in den Brunnen gefallen ist", d. h. wenn die Krankheit schon ausgebrochen ist, werden Brille, Hörgerät, Zahnprothese, künstliche Hüfte, Blutdrucksenker, Cortison, Migränetablette, Antibiotikum usw. eingesetzt. Behandelt wird meist das Symptom, nicht die eigentliche Ursache.

Wir möchten nicht die unglaublichen Erfolge der Schulmedizin infrage stellen oder lebensrettende Maßnahmen für unwichtig erklären. Auch tragen viele Maßnahmen der Schulmedizin unbestreitbar zur Erhaltung der Lebensqualität der Betroffenen bei.

Unser Kritikpunkt ist aber, dass bis auf wenige Vorsorgeuntersuchungen, Impf- und Hygieneprogramme wenig zur Prävention getan wird. Die Schulmedizin setzt sich z. B. kaum mit den Wohngiften und deren **Vermeidung** auseinander. Daher halten auch die meisten von uns dieses Thema für mehr oder weniger unwichtig.

Wichtige Erkenntnisse zum Thema Giftstoffe kommen jedoch zunehmend aus anderen Bereichen. Beispielsweise beschäftigt sich das Institut für Toxikologie und Umwelthygiene der Technischen Universität München seit Jahren mit dem Thema Innenraum und begründet dies damit, dass viele bisherige medizinische Studien über den Zusammenhang von Luftverunreinigungen und Befindlichkeitsstörungen außer Acht lassen, dass wir uns zu 80 - 90 % in Innenräumen aufhalten. Die Art und Höhe der Exposition gegenüber chemischen, biologischen und physikalischen Größen im Innenraum und der Außenluft können erheblich divergieren.[MUC, S. 4] Mit den Untersuchungsergebnissen will das Institut dazu beitragen, dass wir uns auf den Weg von der Nachsorge zur Vorsorge machen und gar nicht erst krank werden.

1.1.5 Das "Reinheitsgebot fürs Haus" - unser empfohlenes Handlungsprinzip zur Vermeidung von Giftstoffen

"Machen uns unsere Gebäude also krank?" fragt zu Recht Prof. Dr. Mücke vom Institut für Toxikologie und Umwelthygiene der Technischen Universität München.[MUC] Wenn die Einlagerung von Giftstoffen die wichtigste

Ursache aller chronischen Erkrankungen ist, erfordert Gesundheit die Vermeidung von Giftstoffen.[ROS, S. 23] Somit bildet ein "gesundes Heim" die Basis für ein gesundes Leben. Wir betreiben mit dem "Reinheitsgebot fürs Haus" also Krankheitsprävention, indem wir die Aufnahme vieler Giftstoffe in unserem Wohnraum vermeiden.

Macht es also nicht Sinn, sich intensiv mit den Baustoffen zu beschäftigen und diejenigen auszuwählen, die auf Ihrer Baustelle nicht verwendet werden sollten?

Es werden ca. 20.000 verschiedene Produkte und Materialien in der Bauindustrie verwendet, ca. 30.000 verschiedene Chemikalien werden genutzt. Erst für ca. 100 Chemikalien wurde eine Risikobewertung über eine mögliche Gesundheits- oder Umweltgefährdung im Sinne der EG-Altstoffverordnung durchgeführt.[ZWM, S. 1] Allein die Anzahl der zu überprüfenden Stoffe macht dieses Unterfangen wohl aussichtslos. Die Zahl der geringen Risikoprüfungen zeigt, dass so ziemlich alles im Bau eingesetzt werden darf. Eine "Negativliste" könnte also vermutlich nur die schlimmsten Stoffe (und nur die, bei denen dies bekannt ist) aus Ihrem Heim fernhalten. Aber ohne ein einschlägiges Studium können wir hier vermutlich nur an der "Oberfläche kratzen".

Mehr Sinn macht wohl eine "Positivliste", also eine Auflistung aller Baustoffe, die baubiologisch rein, energiesparend und nachhaltig sind. Diese ca. 215 biologischen Baustoffe finden Sie im "Ökologischen Baustoff-Lexikon: Bauprodukte, Chemikalien, Schadstoffe, Ökologie, Innenraum" von Zwiener und Mötzl. Nun ist auch diese Positivliste nicht unbedingt einfach handhabbar, wenn man sich im Stress des Bauens befindet. Wer arbeitet sich schon gerne in eine Liste mit 215 Baustoffen [ZWM] ein und hat dann gerade alles zur Hand, wenn wieder mal eine von vielen Entscheidungen ansteht?

Wirklich hilfreich ist das "**Reinheitsgebot fürs Haus**". Dies ist kein ausgeklügelter Leitfaden und keine Dutzende Seiten lange Checkliste, sondern ein Prinzip. Ein Prinzip ist eine verdichtete Handlungsanweisung, eine Handlungsmaxime.

Gebrauchen Sie ganz einfach Ihren gesunden Menschenverstand!

Lassen Sie uns das an einem Beispiel erläutern:

Wir standen vor der Frage, ob wir Fertigparkett oder Holzdielen als Fußboden einbauen sollen. Normaler Spannteppichboden kam sowohl aus gesundheitlicher als auch aus hygienischer Sicht für uns überhaupt nicht infrage. Für Fertigparkett spricht auf den ersten Blick, dass es sauber und einfach zu verlegen ist. Die Oberfläche ist hart und unempfindlich, wenn z. B. einmal etwas verschüttet wird. Fertigparkett glänzt schön durch die Lackierung und man kann eine Fußbodenheizung verlegen. Man hat die Auswahl zwischen Billigware ab 5 € pro m^2 im Baumarkt und guten Parkettböden, die dann 70-80 € kosten.
Holzdielen dagegen sind relativ weich und empfindlich. Es ist nicht sinnvoll, darunter eine Fußbodenheizung zu verlegen, und die Kosten liegen in etwa im Bereich von hochwertigem Fertigparkett.

Nun haben wir das "Reinheitsgebot fürs Haus" angewendet und uns die Frage gestellt, welches Produkt wohl gesünder ist. Sehen wir uns den Aufbau eines Fertigparkettbodens mal etwas genauer an. Fertigparkett setzt sich aus drei Schichten zusammen: einer Mittelschicht aus Sperrholz, Span- oder Faserplatte, auf die ein Gegenzugfurnier, meist aus Nadelholz, geklebt wird, und einer Deckschicht aus mindestens 2,5 Millimeter dickem Vollholz, das wiederum aufgeklebt wird. Die so hergestellten Platten werden dann meist auf dem Boden nochmals aufgeklebt.[APU] Eine Fußbodenheizung sorgt dann für noch mehr Ausdampfungen aus diesem unberechenbaren Chemie-Cocktail aus Klebern und Lacken, der dann in den praktisch luftdicht isolierten Räumen angereichert wird.

Die Holzdielen dagegen werden nur gesägt, gehobelt, mit einem natürlichen Öl eingelassen und dann "schwimmend", also leimfrei, verlegt. Welches dieser beiden Materialien ist wohl eher mit Giftstoffen belastet?

Sie können das "Reinheitsgebot fürs Haus" auch auf die Spitze treiben und sich die Frage stellen: Würde ich Fertigparkettboden in meinem Garten vergraben und danach darauf Pflanzen anbauen, die ich selbst auch täglich essen würde?

Nur wenn Sie diese Frage guten Gewissens mit "Ja" beantworten, haben Sie den richtigen Baustoff ausgewählt. Folglich darf in unser Haus nichts eingebaut werden, was danach nicht einfach und natürlich verrotten und damit in den Kreislauf des Lebens zurückkehren würde.

Natürlich ist auch uns klar, dass dieses Prinzip nicht komplett einzuhalten ist. Sie werden immer gewisse Kompromisse eingehen müssen. Dann gilt aber das **Minimierungsprinzip**. Wir sollten dort, wo wir auf unsere unmittelbare Umgebung Einfluss nehmen können, nur solche Stoffe akzeptieren, die wir selbst als unbedenklich anerkennen, und ansonsten das “geringste Übel” wählen.

Bei der Auswahl emissionsarmer Stoffe bildet das Gütezeichen “Blauer Engel” eine gute Orientierungshilfe. Wichtige Informationen und Tipps zu Baustoffen, Farben und Lacken usw. bietet der Ratgeber “Blauer Engel - Informationen zum Umweltzeichen - Thema Gesund Wohnen” unter http://www.apug.de/archiv/pdf/ratgeber_wohnen.pdf.

1.1.6 Wie sieht ein gesundes Haus ohne Giftstoffe aus?

Das “Reinheitsgebot fürs Haus” sollte bei den Schlafplätzen am kritischsten geprüft werden. In den übrigen Wohnbereichen werden wohl eher Kompromisse notwendig sein. “Ein gesunder Schlafplatz ist eine Lebensversicherung.” [ROS, S. 49] Umgekehrt führt ein gestörter Schlafplatz mit hoher Wahrscheinlichkeit zu einer chronischen Erkrankung.

Der Schlafplatz ist deshalb so wichtig, weil wir uns nachts kaum bewegen und sich die Zellen durch Belastungen, wie geopathische Störungen oder Elektrosmog, kaum erholen können. Tagsüber sind wir dauernd in Bewegung und weichen einer Dauerbelastung durch Strahlen oder Giftstoffe eher aus.

Wie wir im Vorigen gesehen haben, hängen Gesundheitsprobleme oft mit Belastungen durch Schimmel und Giftstoffe, wie Lacke und Leime, zusammen. Zu Bedenken sind auch mögliche Belastungen durch so genannten Elektrosmog, z. B. durch Handys, Stromleitungen oder Elektrogeräte im Haushalt. Ein weiterer Punkt sind geopathische Belastungen, also Störungen in Form von unterirdischen Wasseradern und Erdstrahlen.[ROS, S. 48ff] Wie lassen sich Giftstoffe im Hausbau also vermeiden?

Giftstoffe Fehlanzeige - durch ausschließlichen Verbau natürlicher Baustoffe

Der Wandaufbau unseres Hauses ist diffusionsoffen und besteht aus unbehandeltem Vollholz und einer Cellulose-Isolierung. Es gibt keine Dampfsperre. Wasserdampf kann nach außen entweichen. Fußboden und Decke sind aus mit Leinöl eingelassenen Vollholzdielen gefertigt. Der Innenputz besteht aus

Lehm. Diese Kombination ist schadstofffrei und reguliert die Luftfeuchtigkeit. Schimmel kann gar nicht erst entstehen.

Wir haben dies noch mit einer dezentralen Lüftungsanlage kombiniert, obwohl das bei dieser Bauweise gar nicht nötig wäre. Warum dezentral? Die Lüftungsanlage kann in wenigen Minuten komplett aus der Wand ausgebaut und in der Spülmaschine gereinigt werden. Dies war uns wegen der Hygiene äußerst wichtig. An die fest verlegten, mehrere Dutzend Meter langen Rohre einer zentralen Lüftungsanlage kommen Sie nie wieder heran.

Neben den bereits genannten Punkten haben wir vor allem im Schlafraum nur unlackiertes Holz verwendet. Dadurch gibt es auch keine statische Aufladung, was die Staubbelastung erheblich reduziert.

Unser Bett und unsere Matratzen sind metall- und schadstofffrei (keine Federkernmatratzen!).

Natürlich kann nicht alles im Haus aus naturbelassenen Stoffen hergestellt und gekauft werden, aber auch hier gilt dann das Minimierungsgebot.

Holz ist der "richtige" Baustoff für gesundes und behagliches Wohnen

Der Hauptbaustoff für giftstofffreies Wohnen ist Holz. Warum?
Zunächst enthält unbehandeltes Holz selbst **keinerlei Giftstoffe**. Holz ist aus einem feinen Zellsystem aufgebaut und hat damit eine unglaublich große "innere Oberfläche". Damit kann Holz die Luft filtern und sogar im Raum befindliche Gift- und Geruchsstoffe aufnehmen. Des Weiteren reguliert Holz die Luftfeuchtigkeit. Es nimmt Luftfeuchtigkeit auf und gibt diese bei Bedarf wieder ab.[THO, S. 110f] Ideal ist die Kombination aus Holz und Lehm, z. B. als Innenputz, da Lehm als einziger Baustoff eine ähnlich große Sorptionsfähigkeit hat wie Holz. Die beiden Baustoffe wirken also in idealer Weise zusammen. Bereits Albert Einstein soll sich mit den Worten: "Ich ziehe doch nicht in einen Klotz aus Glas, Stein und Beton[.]" für ein Holzhaus entschieden haben.

Wenn wir in unserem Haus kochen, ist bereits nach kurzer Zeit nichts mehr davon zu riechen. Auch im Bad läuft nach dem Duschen kein Spiegel an. Holz reagiert auf jede Veränderung der Luftfeuchtigkeit und ist damit ein idealer Feuchtigkeitspuffer. Unser Haus hat eine äußerst konstante Luftfeuchtigkeit von 53-57 % (im Winter; empfohlen werden 40-60 %). Etwas, das "atmen" soll, darf natürlich nicht mit Lacken und Leimen verstopft werden.

Wie funktioniert Holzschutz OHNE Chemie?

Wir waren uns anfangs nicht sicher, ob ein Holzhaus komplett ohne chemischen Holzschutz auskommen kann. Was, wenn Pilze oder Schimmel auftreten? Könnten irgendwelche Insekten oder Holzwürmer unser schönes neues Haus bedrohen?

Wir können Sie beruhigen. All diese Punkte sind bei richtigem Umgang mit Holz keine Gefahren - auch ganz ohne Chemie. Wichtig ist aber, dass die Handwerker entsprechend mit dem Naturbaustoff umgehen und wissen, was sie tun.

Ernte des Holzes zum richtigen Zeitpunkt Soll das Holz auch ohne Chemie widerstandsfähig sein, muss es zum richtigen Zeitpunkt geerntet werden. Hierzu gibt es zwei Regeln:

1. Regel: nur im Winter ernten
   Das Bauholz sollte nur im Winter geerntet werden. Der Baumwinter dauert von September bis Januar. Der Saftstrom wird Ende August eingestellt und beginnt (je nach Höhenlage) Ende Januar wieder zu fließen. Außerdem ist im Winter auch der Waldboden durch den Frost besser vor den Auswirkungen der schweren Erntemaschinen geschützt.

2. Regel: Mondphase - nur bei abnehmendem Mond
   Innerhalb des Baumwinters sollte das Holz an einem Tag in der abnehmenden Mondphase geschlagen werden. Wissenschaftlich nicht bestätigte Traditionen besagen, dass dies bei beginnendem Neumond besser ist.

Wer diese Regeln beachtet, bekommt hervorragendes Bau- und Werkholz. Im Winter geschlagenes Mondholz finden Sie mittlerweile in vielen Bereichen, die mit Holz arbeiten. Zumindest der niedrigere Wasser- und Nährstoffgehalt lässt sich auch wissenschaftlich nachweisen. Durch den niedrigeren Wassergehalt ist das Holz ruhiger und in Kombination mit dem niedrigeren Nährstoffgehalt weniger attraktiv für Pilze und Insekten.[THO, S. 184f]

Für unser Haus wurde Mondphasenholz verwendet, das nach diesen Regeln geerntet wurde.

Richtige Trocknung und Verarbeitung
Soll Holz ohne Chemie beständig bleiben, muss es richtig trocken sein. Bauholz sollte 1-5 Jahre, je nach Verwendungszweck, vor dem Einbau gelagert werden. Somit trocknet das Holz auf natürliche Weise bis auf ca. 20 % Restfeuchte. Wird Holz in größeren Mengen benötigt, wird es aus betriebswirtschaftlichen Gründen meist technisch getrocknet und die Lagerzeit somit auf 5-15 Monate reduziert. Der Energiebedarf wird größtenteils mit regenerativen Energien aus Holzabfällen von den Zimmereien gedeckt.

Soll Holz auch ohne Anstrich lange halten, muss sichergestellt werden, dass das Holz trocken bleibt. Dies wird als konstruktiver Holzschutz bezeichnet. Zum Thema "konstruktiver Holzschutz" gibt es eigene Fachbücher. Wichtige Maßnahmen sind hier die Verwendung von ausreichend vorgetrocknetem Holz, ausreichende Dachüberstände, die die direkte Beregnung vermeiden, und das Fernhalten des Holzes von feuchtem Untergrund durch Auflagesockel oder Unterbauten. Ab einer bestimmten Restfeuchte sind Hölzer auf natürliche Weise gegen Pilze (unter 20 %) und Insekten (unter 8-12 %), vollkommen ohne synthetische Chemie, geschützt.[THO, S. 190f und S. 77] Die ältesten Holzhäuser der Welt sind japanische Tempel. Diese haben 1600 Jahre überdauert - und dies völlig ohne chemischen Holzschutz.

Warum wird der richtige Umgang mit Holz ohne Chemie kaum diskutiert?

Die DIN4074 versucht die Qualität und Sortierung von Hölzern zu standardisieren. Hier wird mit objektiv erfassbaren Daten zur Baumkante, der Breite der Jahresringe, der Anzahl der Äste und der Risse, Verfärbungen und Krümmung des Holzes gearbeitet.[HOL] Normen müssen ein allgemeingültiger Maßstab sein. Allgemeingültig ist aber nur, was industriell, also auch großtechnisch, umsetzbar ist. Die Holzindustrie ist auf kontinuierlichen Holzumsatz angewiesen: durch alle Jahreszeiten hindurch! Holzernte an ausgewählten Tagen im Jahr stellt die Holzindustrie vor schier unlösbare logistische Probleme: Wie könnte in kurzer Zeit die benötigte Holzmenge geerntet werden? Wie sollte die Sortenreinheit des Holzes vom Wald bis zum Bauholz gewährleistet werden? Die dazu nötigen Anstrengungen sind für die Holzindustrie nicht umsetzbar.

Deshalb bleibt rechtzeitig geerntetes Holz immer ein Nischenprodukt, das nur von wenigen spezialisierten Betrieben angeboten wird. Und deshalb wird die Qualität von Mondphasenholz nie Gegenstand von Normung oder wissenschaftlicher Untersuchung im großen Maßstab sein.

Und noch einige FAQs zum Thema Holzhaus...

Gäbe es überhaupt genug Holz, wenn wir alle Holzhäuser bauen würden?

Holz ist ein begehrter Rohstoff. Der Holzpreis als Indikator für die Verknappung steigt rasant. Daraus aber zu folgern, dass Holz viel zu wertvoll sei, um daraus Häuser zu bauen, zeugt von einer kurzsichtigen Denkweise. Denn die Nachfrage nach Holz erwächst vor allem aus den Bereichen der Energieerzeugung, der Papiererzeugung und daraus, dass immer mehr Kunststoffe mit dem Naturstoff Holz "veredelt" werden. Noch wird aus Bayerns Wäldern deutlich weniger Holz entnommen als gleichzeitig nachwächst. 16,2 Mio. Festmetern Entnahme stehen 20,7 Mio. Festmeter Zuwachs pro Jahr entgegen. [FOR] Das Prinzip der Nachhaltigkeit ist zwar im Art. 1 (1) des Waldgesetzes für Bayern (BayWaldG) festgeschrieben, doch mit gleichem Gesetz ist auch die Erlaubnis zur 100%igen Ernte des Holzzuwachses erteilt. Voraussichtlich im Jahr 2020 wird die Holzernte in Bayern genauso hoch sein wie der gleichzeitige Holzzuwachs. Genau dann werden unsere Wälder nicht mehr wie bisher als CO_2-Senke dienen. Nun kommt es umso mehr darauf an, was man mit dem Holz macht: Verwendet man es zur Energieerzeugung oder zur Produktion kurzlebiger Konsumgüter, dürfen sich diese Produkte mit dem Deckmäntelchen "aus nachwachsenden Rohstoffen" zieren. Das klingt schön, ist aber zu kurz gedacht!

Baut man jedoch langlebige Häuser daraus, wird das Treibhausgas CO_2 langfristig gebunden und schädliches Treibhausgas wird unserer Atmosphäre entnommen. **Holzhäuser sind also eine wichtige CO_2-Senke der Zukunft** und die Verwendung von möglichst viel Holz beim Hausbau ist geradezu ein Gebot der Zeit, um der Klimaerwärmung entgegenzuwirken. Wenn das Holzhaus dann nach mehreren Hundert Jahren abgetragen wird und das Holz sortenrein zur Energieerzeugung oder als Rohstoff für Werkstoffe der Zukunft verwendet wird, ist das immer noch früh genug.

Lässt sich ein Holzhaus verputzen oder leben wir dann in einer "Almhütte"?

Diese Frage war für uns anfangs alles andere als klar. Vor allem die Grautöne von verwittertem Holz wollten wir nicht an unserem Haus haben. Aber keine Angst: Wie Sie auf den Fotos in Kapitel 6 sehen, lässt sich ein Vollholzhaus verputzen und absolut modern gestalten. Von außen ist der Unterschied zu einem Steinhaus nicht zu erkennen (wenn Sie das nicht wollen).

Setzt und verzieht sich ein Vollholzhaus nicht?

Sie kennen vielleicht auch die Geschichten von Blockhäusern, die sich nach dem Bau noch um 70 cm setzen, vom dauernden Knarren bei Dehnung oder Zusammenziehen des Holzes in alten Holzhäusern oder von Fenstern in Holzhäusern, die sich nicht mehr öffnen lassen? All dies sind "Krankheiten" der althergebrachten Bauweise. Früher konnten Baumstämme nämlich nur liegend verwendet werden, da leistungsfähige Krane fehlten. Heute können die Stämme auch stehend verarbeitet werden, wodurch die nachträgliche Setzung vermieden wird. Durch einen speziellen Wandaufbau (siehe Kapitel 2) wird die Setzung vermieden und die Dehnung des Holzes auf ein Minimum begrenzt. Wir haben in unserem Haus in einem Jahr noch keinen einzigen "Knarzer" vom Holz gehört, egal ob es minus 20 °C oder plus 35 °C hatte. Ein deutliches Zeichen für die Ruhe des Holzes sind die fehlenden Risse im Innen- und Außenputz. Wir haben bisher nur im Bad an einem Übergang der Wandbauteile wenige Haarrisse im Innenputz.

Wie sieht es mit dem Brandschutz aus - brennt ein Holzhaus leichter?

Man könnte zunächst meinen, dass ein Holzhaus leichter brennt. Tut es aber nicht. Ganz im Gegenteil, Holz hat sogar einen sehr hohen Brandschutzwert - ein Klotz brennt nicht.

Holz hält den hohen Temperaturen eines Brandes wesentlich länger Stand als beispielsweise Stahl oder Beton. In der BGI 560 "Arbeitssicherheit durch vorbeugenden Brandschutz" steht: "Der Baustoff Holz verhält sich brandschutztechnisch günstiger. Dachträger aus Holz verkohlen zwar, behalten ihre Tragfähigkeit jedoch länger als ungeschützte Tragkonstruktionen aus

Stahl."[DGUV]

Sie können auch Feuerwehrleute fragen, ob sie lieber in ein brennendes Holzhaus oder ein Steinhaus gehen, um ein Menschenleben zu retten. Erfahrene Feuerwehrleute antworten: "In ein Holzhaus." Die Deckenkonstruktion aus Stahlbeton bricht abrupt und ohne Vorwarnung zusammen. Eine Deckenkonstruktion aus Holz gibt langsam nach und erfahrene Feuerwehrleute können die Vorwarnungen erkennen und einschätzen.

Die größte Gefahr bei heutigen Hausbränden ist außerdem weniger das Feuer an sich, sondern vielmehr der giftige Rauch, der durch den Mix an verbauten Materialien entsteht. Haben Sie beispielsweise einmal gesehen, was mit einer außen angebrachten Styropor-Isolierung passiert, wenn aus einem Fenster die heiße Luft eines Brandes oder die Flammen nach oben an der Wand entlang steigen? Die Isolierung schmilzt und bildet lange heiße Fäden vor dem Fenster. Wollen Sie sich durch diesen heißen, giftigen Vorhang in Sicherheit bringen müssen? Ganz zu schweigen von den giftigen Dämpfen, die dabei entstehen.

Wenn Sie sich hierfür interessieren, werfen Sie doch einen Blick auf eine Sendung des NDR zum Thema "Dämmwahn" unter http://www.ndr.de/fernsehen/sendungen/45_min/videos/minuten385.html.

Aus unserer Sicht völlig unverständlicherweise ist die Gebäudeversicherung für ein Holzhaus bei manchen Versicherungsanbietern teurer.

Als Tipp: Fragen Sie mehrere Anbieter an. Es gibt einige Versicherer, bei denen Holzhäuser genauso behandelt werden wie Steinhäuser.

Fazit

Holz und Lehm sind die richtigen Baustoffe für ein Gebäude und erfüllen das "Reinheitsgebot fürs Haus", wenn damit richtig, also chemiefrei, umgegangen wird. Holz darf nur mit in der Natur vorkommenden Mitteln behandelt werden. Es dürfen keine Lacke und Leime, die nicht kompostierbar sind und sich bei Verbrennung oder in Gewässern neutral verhalten, verwendet werden. Den richtigen Umgang mit Holz fasst Erwin Thoma folgendermaßen zusammen: "Wir können Holz ohne synthetische Chemie verarbeiten, so daß es von jahrhundertelanger Dauerhaftigkeit ist und nach Gebrauch wieder zu Asche und Humus werden und die nächsten Baumgenerationen ernähren kann - ein Kreislauf wird geschlossen."[THO, S. 168]

1.1.7 Elektrosmog verringern - Netzabschaltung und Abschirmung durch Holz

Auch das Thema Elektrosmog war uns wichtig. Wir haben unser Schlafzimmer komplett mit Netzabschaltung ausstatten lassen. Das macht natürlich nur Sinn, wenn Sie keine Verbraucher, wie beispielsweise Radiowecker mit Netzanschluss oder Nachttischlampen mit Trafos (verbrauchen auch im Stand-by-Betrieb Strom!), im Schlafzimmer betreiben. Häufig werden Schlafplätze auch aus oberen oder unteren Stockwerken mit Elektrosmog "verstrahlt", z. B. durch Küchen- oder Fernsehgeräte. Es ist erstaunlich, welche Feldstärken gewisse Geräte auch im Stand-by-Betrieb erzeugen. Um "auf Nummer sicher zu gehen" haben wir für das untere Stockwerk eine komplette Abschaltung installieren lassen. Es werden alle Geräte bis auf Kühlschrank, Gefriertruhe und Telefon stromlos geschaltet. Der Vorteil ist neben der vermiedenen Strahlung, dass Sie mit einem einzigen Schalter alle Geräte daran hindern, im Stand-by-Betrieb weiter Strom zu verbrauchen. Des Weiteren sei hier kurz erwähnt, dass Holz zusätzlich einen Großteil der Handystrahlung draußen hält.

Es sollten auch keine Pflanzen oder Kerzen im Schlafraum stehen. Kerzen sind zwar sehr romantisch, entwickeln aber auch jede Menge Feinstaub und VOCs, ergo: raus damit aus dem Schlafbereich. Darüber hinaus ist das Schlafzimmer kein Arbeitszimmer, keine Rumpelkammer und kein Wäscheaufbewahrungsort.

In unserem Schlafzimmer sind neben unserem Ehebett nur zwei batteriebetriebene Wecker und etwas Abendlektüre, sonst gar nichts. All diese Punkte tragen dazu bei, dass das Schlafzimmer seinen eigentlichen Zweck, nämlich die Regeneration des Körpers zu ermöglichen, optimal erfüllen kann.

1.1.8 Geopathische Belastungen vermeiden - machen Sie eine geomantische Begehung

Wir haben auf unserem Grundstück vor Beginn der Bauarbeiten eine geomantische Begehung durchgeführt. Da sich im Nordteil des Grundstücks eine "belebende" Wasserader befindet, haben wir Sport- und Schlafzimmer nochmals im Plan getauscht. Unser Schlafplatz liegt nun in einer störungsfreien Zone. Während der Planungsphase war dies kein Problem. Nach Baubeginn hätte uns ein derartiges Unterfangen wohl vor größere Probleme gestellt.

Ob Sie daran glauben oder nicht? Unser Tipp: Investieren Sie die 300-500 € und lassen Sie das Grundstück VOR Baubeginn untersuchen - es kann ja nicht schaden und sollten Sie später noch reagieren wollen, ist diese Chance vertan oder unter Umständen nur noch mit enormem Aufwand verbunden.

1.1.9 Ökologisch zu bauen, ist doch teurer? Ja, aber...

Ganz genau lassen sich die Mehrkosten für eine ökologische Bauweise nicht ermitteln, da die Materialien teilweise auch sicherlich wertiger sind. Sie werden wohl kaum in einem Vollholzhaus einen billigen PVC-Boden aus dem Baumarkt verlegen, oder? Noch nicht einmal im Technikraum. Dies geht weiter bei den Fenstern, den Wandfarben usw. Beispielsweise liegt der Putz in Lehm innen ausgeführt und außen auf Kalkbasis diffusionsoffen beinahe bei den drei-fachen Kosten konventioneller Techniken.

Wir schätzen die Mehrkosten für die ökologische Bauweise unseres Einfamilienhauses ausstattungsbereinigt auf ca. 70.000-80.000 €.

Da auch unser Budget an einer gewissen Stelle einfach nach oben gedeckelt war, haben wir uns folgende Einsparmöglichkeiten überlegt:

1. Zunächst wird jedes Haus standardmäßig mit Keller gebaut. Die meisten denken darüber eigentlich gar nicht mehr nach. Wir haben uns über den Inhalt unseres eigenen Kellers in unserem damaligen Mietshaus Gedanken gemacht und dies auch bei Bekannten so beobachtet: Steht da irgendetwas, das man noch braucht? Der amerikanische Architekt Frank Lloyd Wright hat dies ungefähr so ausgedrückt: "Der Keller ist der Ort, an dem Dinge aufbewahrt werden, die man schon vor 20 Jahren hätte wegwerfen sollen."

   Daher haben wir uns, entgegen der landläufigen Meinung, dafür entschieden, auf den Bau eines Kellers zu verzichten. Stattdessen haben wir neben unserer Doppelgarage ein 15 m^2 großes Lager errichtet. Damit konnten wir Kosten in Höhe von ca. 40.000-50.000 € einsparen.

2. Ein weiterer Punkt betraf die Wohnfläche. Zunächst waren 200 m^2 geplant. Wir haben uns die Frage gestellt, ob wir wirklich so viel Platz brauchen. Den größten Teil der Zeit werden wir (nach dem Auszug der Kinder) zu zweit in dem Haus verbringen. Wir kamen zu dem Schluss, dass auch 160 m^2 völlig ausreichend sind. Dies erbringt eine weitere Einsparung von ca. 20.000-30.000 €. Außerdem muss weniger geheizt (und auch geputzt!) werden und wir senken den ohnehin enormen Flächenverbrauch unserer Gesellschaft.

3. Weitere Einsparungen haben wir durch unser technisch recht einfach gehaltenes Heizungskonzept realisiert. Durch die Bereitschaft, selbst zu heizen, konnten wir weitere geschätzte 10.000 € einsparen.

4. Auch bei der Überdachung für unsere Fahrzeuge haben wir reduziert. Wir haben die Garagen und das Lager aus drei Fertiggaragen zusammengesetzt und mit einem Dach als eine optische Einheit zusammengefügt. Gegenüber der konventionellen Bauweise haben wir damit weitere ca. 10.000 € eingespart.

Diese Einsparvorschläge sind sicher nicht für jeden zu akzeptieren. Die Beispiele sollen aber zeigen, dass man durchaus auch im Rahmen des naturgemäß begrenzten Budgets Möglichkeiten für eine Finanzierung der Mehrkosten durch eine ökologische Bauweise findet, wenn man nur bereit ist, gewohnte Überzeugungen infrage zu stellen. Wir haben bisher weder den Keller noch die 40 m^2 Wohnfläche vermisst. Weitere Argumente liefert die Nachhaltigkeit der Bauweise, wenn man Folgekosten für Renovierung usw. mit in die Kalkulation einbezieht.

Im Gegenzug haben wir ein wunderschönes, gesundes "Wohlfühlhaus" bekommen. Dieses Gefühl ist unbezahlbar. Genauso wie das Wissen darum, den Kosten und dem Leid durch Krankheiten zu entgehen.

1.1.10 Zusammenfassung

Zusammenfassend lässt sich feststellen, dass unser Wohnraum erheblichen Einfluss auf unsere Gesundheit hat. Krankheit entsteht vor allem durch Giftstoffe, die wir durch Baustoffe und Ausstattungsgegenstände unserer Häuser, wie etwa Möbel, aufnehmen. Folglich macht uns ein schadstofffreies Haus nicht unbedingt gesund, aber es hilft uns, nicht noch mehr Giftstoffe aufzunehmen, und ist somit als Krankheitsprävention zu sehen.

Im konventionellen Bau werden ca. 30.000 verschiedene Materialien verwendet. Die Auswirkungen der Ausdampfungen von Leimen, Farben, Lacken oder Holzschutzmitteln auf den Menschen sind größtenteils nicht einmal Experten bekannt.[UWD] An einer kritischen Sortierung unserer Baustoffe wird kein Weg vorbeiführen. Ein Komfortverlust ist allerdings nicht zu befürchten. Sie werden sich umgeben von natürlichen Materialien wohler und gesünder fühlen.

Hier schlagen wir das "Reinheitsgebot fürs Haus" als Handlungsmaxime vor. Wenn Sie einen Baustoff in Ihrem Garten vergraben, Gemüse darauf anpflanzen und diese dann selbst verzehren würden, ist das der richtige Baustoff. Ist dies nicht umsetzbar, gilt das Minimierungsgebot.

Ein guter, weil von Natur aus giftstofffreier Baustoff mit guter Absorptionsfähigkeit, ist unbehandeltes Holz. Die WHO definiert Gesundheit als einen "[...] Zustand vollkommenen körperlichen, geistigen und sozialen Wohlbefindens und nicht die bloße Abwesenheit von Krankheit oder Gebrechen."

Wer kennt nicht das "heimelige" Gefühl in einer Holzhütte, wie wir sie in den Bergen häufig finden. Holz hat einen unglaublich hohen Wohlfühlfaktor.

Weitere Punkte für ein "gesundes Haus" sind der diffusionsoffene Wandaufbau mit Lehminnenputz, die Verarbeitung nicht lackierten Holzes auch im Innenraum, die Vermeidung von Strahlung durch Netzabschaltung, das Meiden von Handys und Bildschirmen in der Nähe von Schlafplätzen und das Verhindern geopathischer Störzonen.

1.2 Was bedeutet es, "nachhaltig" zu bauen? (M. Guggenberger)

Nachhaltigkeit bedeutet, ein regenerierbares System in einer Weise zu nutzen, dass dieses System in seinen wesentlichen Eigenschaften erhalten bleibt und sein Bestand auf natürliche Weise regeneriert werden kann. Warum betrifft die Nachhaltigkeitsforderung ganz besonders die Baubranche?

Zunächst sind die Stoffströme und die Verbräuche in der Bauindustrie gewaltig. In Deutschland werden ca. 40 % der mineralischen Rohstoffe, ca. 25 % der Kunststoffe und ca. 8 % der chemischen Produkte im Bauwesen verbraucht. EU-weit setzt die Branche im Jahr ca. 200 Mrd. € um.[ZWM, S. 1]

Konzentriert man sich auf die mit der Verbrennung von fossilen Brennstoffen verbundene Emission von CO_2, rückt der Hausbau ebenfalls sofort in den Mittelpunkt eines Handlungsprogramms. Rund 40 % der CO_2-Emissionen sind direkt oder indirekt mit dem Bau und der Nutzung von Gebäuden verbunden. Die Ziele zur Reduzierung der CO_2-Emissionen sind ohne massive Investitionen in den Gebäudebestand und geeignete Maßnahmen beim Gebäudebau nicht zu erreichen.[BER, S. 5]

1.2.1 Was hat sich in der Welt des Bauens geändert?

In der Zeit, in der das Verbrauchen von Energie noch nicht zwangsläufig mit einem schlechten Gewissen verbunden war, konnte man sich ausschließlich mit den eigenen Wünschen und Vorlieben beschäftigen und mit einfachen Konstruktionen "gute" Häuser bauen.

Ziegel aus gebranntem Ton, Kalk und Zement, etwas Bauholz, Fenster, die das Wetter draußen hielten, und ein leistungsfähiger Ölbrenner, dazu ansprechende Oberflächen je nach Geschmack und Geldbeutel reichten aus, um Häuser zu bauen, deren Bewohner sich wohlfühlen durften. Es war keine Rede von Kältebrücken, Luftwechselraten, Sorptionsfähigkeit, Dampf- und Windbremsen, Schimmelschäden oder Raumlufthygiene. Stattdessen konnte man ausführlich über ästhetische Aspekte des neuen Hauses nachdenken.

Traditionell robuste Baukonstruktionen, denen ein bisschen kondensierte Feuchtigkeit nichts anhaben konnte, das Fehlen von Kunstharzprodukten und Mineralölderivaten im Ausbau, zusammen mit unbegrenzter Bereitstellung von Wärme im Hausinneren und ausreichender Belüftung durch Ritzen und Spalten, sorgten dafür, dass die Hausbauwelt über Jahrzehnte hinweg in bester Ordnung war.

Doch heute hat sogar die Sprossenteilung der Fenster und die Art der eingesetzten Leuchtmittel Einfluss auf die Energiekennzahl des Hauses. Deshalb muss der Bauherr, der auf Nachhaltigkeit Wert legt, bei jedem Detail mitreden können. Sonst besteht die Gefahr, dass ihm von Planer und Handwerkern kurzlebige Lösungen aufgetischt und mit dem Totschlagargument "das geht nicht anders wegen der EnEV" verkauft werden.

Ein wesentliches Anliegen dieses Buches ist, dem Bauherrn grundlegende Entscheidungshilfen an die Hand zu geben, mit denen er die Sinnhaftigkeit der angebotenen Lösungen kritisch hinterfragen kann.

1.2.2 Grundlegende Prinzipien nachhaltigen Bauens

Seit 1992 gibt der Gesetzgeber mit Verordnungen zumindest für den Heizenergiebedarf den Weg verbindlich vor. Beginnend mit der WsVo95 bis zur aktuell gültigen EnEV 2009 übt ein weitreichender energiepolitischer Prozess massiven Einfluss auf die Bauwelt aus. Mit dem Ziel, den Heizenergieverbrauch zu senken, suchen Expertenkommissionen nach dem besten, allgemeingültigen Weg. Um Rechtssicherheit herzustellen, müssen sie sich auf wissenschaftlich begründete Materialwerte und mathematisch nachweisbare Rechenmethoden berufen. Doch im rechtssicheren EnEV-Referenzhaus kann niemand leben, da es nur aus Zahlenwerten besteht. Da die Zahlen der EnEV mit den verschiedensten Baustoffen und Bauweisen erreicht werden können, sagt die Einhaltung dieser Normen leider noch sehr wenig über die Nachhaltigkeit des Gebäudes aus.

Kein Wunder, dass vielerorts versucht wird, mit Nachhaltigkeitszertifikaten diesem Missstand ein Ende zu bereiten. Doch solche Betrachtungen sind höchst aufwendig und die Kosten für eine derartige Untersuchung lassen sich höchstens bei prestigeträchtigen Großprojekten oder bei standardisierten Bauzellen rechtfertigen. Keinesfalls jedoch beim individuellen Einfamilienhausbau. Deshalb wird sich auf absehbare Zeit die breite Diskussion nur mit den Energieverbrauchszahlen beschäftigen. Die ebenso wichtigen Fragen der **Lebensdauer der Konstruktionen** und der **Wiederverwertbarkeit der Materialien** werden auf absehbare Zeit in der breiten Öffentlichkeit nur unzureichend erörtert werden.

Nachhaltigkeit am Bau bedeutet die **Langlebigkeit** der Konstruktion, den Einsatz **energiesparender, wenig veredelter Baustoffe** und die **Wiederverwendbarkeit** von Materialien.

1.2.3 Langlebigkeit - Fehlertolerante und reparaturfreundliche Konstruktionen sind nachhaltig

Langlebigkeit ist das oberste Gebot bei jeder Nachhaltigkeitsbetrachtung. Das ist leicht einzusehen: Die für die Errichtung sowie für den Unterhalt eines Gebäudes aufgewendeten Mittel und Energien mögen zur Bauzeit relativ hoch oder niedrig sein. Doch erhöhter Aufwand zur Bauzeit rechtfertigt sich, sobald dadurch eine überproportional längere Lebensdauer oder wartungsfreie Zeit erreicht wird. Die Gesamtbilanz zählt!

Deshalb gilt: Bauen Sie fehlertolerante Konstruktionen. Insbesondere bei der in unserem Klima relevanten Wasserdampfdiffusion sind selbst trocknende, hinterlüftete Konstruktionen, die ohne Dampfsperren auskommen oder über eine ausreichende Rücktrocknungskapazität verfügen, jeder anderen Konstruktion überlegen. Aber auch bei Keller- und Sockelabdichtungen, bei Fensteranschlüssen usw. sollten Sie bedenken: Jedes System ist nur so stark wie sein schwächstes Glied!

Fragen Sie sich und Ihren Planer stets: Welches Glied wird vermutlich als Erstes versagen? Wie kann ich ein eventuelles Versagen rechtzeitig erkennen, welche Reparaturmöglichkeit besteht und welcher Schaden würde bei Reparaturunterlassung entstehen?

Lassen Sie sich dabei keinesfalls mit 5 Jahren Gewährleistungszeit abspeisen! Seien sie geduldig und lassen Sie erst locker, wenn die Antwort Sie wirklich überzeugt. Auch Bestandteile, die etwa nach 30 Jahren versagen, sollten beim Bau als "Verschleißteile" angesehen werden, deren Austausch möglichst unproblematisch vonstattengehen soll.
Berücksichtigen Sie unbedingt, dass auf der Baustelle nur selten eine 100%ig planmäßige Erstellung an allen Ecken und Enden gelingt! Kleinere Verarbeitungsfehler sind selbst im Automobilbau, also bei konstanten Arbeitsbedingungen, konstanter Mannschaft usw. die Regel. Um wie viel größer ist da das Risiko auf Baustellen, bei ungünstiger Witterung und dauernd wechselnder Firmenzusammensetzung? Die gewählten Konstruktionen sollten kleine Unregelmäßigkeiten locker wegstecken können. Fehlertolerante Konstruktionen berücksichtigen also, dass Häuser von Menschen gebaut und bewohnt werden und trotzdem Jahrhunderte überdauern können.

1.2.4 Einsatz energiesparender, niedrig veredelter Naturbaustoffe

Schätzen Sie doch bitte einmal den Primärenergiegehalt, also die zur Herstellung und Verarbeitung eingesetzte Energiemenge von einem Quadratmeter Laminatfußboden, im Vergleich zur gleichen Fläche gehobelter, geschliffener und geölter Naturholzdielen - bitte ohne im Internet zu recherchieren! Schütteln Sie die Antwort einfach aus dem Ärmel Ihres "gesunden Menschenverstandes".
Wenn Sie jetzt dem Naturholzboden den geringeren Primärenergiegehalt zugestanden haben, lagen Sie genau richtig. Außerdem haben Sie aus dem

Stegreif heraus ein weiteres Grundprinzip für nachhaltiges Bauen angewandt. Die Verwendung von naturnahen, also niedrig veredelten Baustoffen, möglichst genau so, wie sie in der Natur vorkommen, ist stets nachhaltiger als deren Ersatz durch chemisch und technisch veredelte Abkömmlinge. Dieses Prinzip lässt sich mit ein bisschen Gespür auf eine Vielzahl von Baustoffen anwenden: Lehm- und Kalkfarben gegenüber Kunststoff-Dispersionen, Massivholz gegenüber Leimholz, Lehmputz gegenüber Gipsputz u. v. m. Die erstgenannten Naturbaustoffe sind den veredelten Industrieprodukten in puncto Primärenergiebilanz und CO_2-Emission jeweils haushoch überlegen!

Warum sind es gerade die chemisch veredelten Baustoffe, die von den meisten Handwerkern “bestens empfohlen” werden?

Ganz einfach, weil sich die veredelten Baustoffe in der Regel unabhängig von Temperatur, Luftfeuchtigkeit oder Bauteilfeuchte gleichmäßig verarbeiten lassen. Im Fall von Wandputzen geschieht das durch einen tiefen Griff in die Trickkiste der Öl- und Chlorchemie. Mit Zusätzen wie Wasserrückhaltemitteln (z. B. Methylhydroxyethylcellulose), Luftporenbildnern (z. B. pulverförmige Tenside) oder Hydrophobierungsmitteln wird die Verarbeitbarkeit verbessert und der Arbeitszeitwert verringert. Das freut den Handwerker, weil er z. B. in kürzerer Zeit größere Flächen schafft und somit einen Preisvorteil erzielt. Dabei sehen die Oberflächen schön gleichmäßig aus und bei der Abnahme gibt's weniger Beanstandungen. Der Handwerker hat also “sehr gute Erfahrungen” mit diesem Putz gemacht. Aber eben als Handwerker, nicht als Bewohner!

Bitte beachten Sie, dass nicht Sie als Bauherren die Kunden der Baustoffindustrie sind! **Die Kunden der Baustoffindustrie sind natürlich die Handwerker.**

Und auf deren Bedürfnisse hin werden die Baustoffe entwickelt! Erst wenn sich Gesundheitsschäden der Bewohner infolge der Verwendung dieses Chemie-Cocktails nachweisen lassen, wird die Industrie reagieren.

Zugegeben, es gibt auch hochgiftige Gaben der Natur. Aber auf einen einfachen Nenner gebracht, handeln Sie als Bauherr fast immer richtig, wenn Sie in Ihr Haus nur hineinlassen, was unbedingt hinein muss, und wenn Sie sich gegenüber veredelten Baustoffen ein gesundes Misstrauen bewahren -

also das “Reinheitsgebot fürs Haus” einhalten.

1.2.5 Wiederverwendbarkeit der Materialien - Beachten Sie stets den Recyclinggedanken

Die wichtigste Motivation für nachhaltiges Handeln ist das Wissen um die, die nach uns kommen. Also ist es von wesentlicher Bedeutung, wozu die Rohstoffe verwendet werden können, nachdem sie ihren Dienst als Dacheindeckung, Dämmstoff oder Tragkonstruktion geleistet haben. Auch hierzu brauchen Sie kein naturwissenschaftliches Studium zu absolvieren. Zählen Sie einfach eins und eins zusammen und fragen Sie bei der Baustoffwahl: Möchte ich diesen Baustoff in mein Gemüsebeet eingraben, in meinen Trinkwasserspeicher legen oder an einem Lagerfeuer verbrennen, über dem ich mein Essen erwärme? Natürlich lässt sich dieses Ideal nicht 100%ig umsetzen. Aber versuchen Sie dringend, den Haufen unverwertbaren Sondermülls so klein wie möglich zu halten.

Falls Sie der Meinung sind, dass sich diese Anstrengung nicht rentieren wird, so gebe ich Ihnen für die ersten 20 bis 30 Jahre eines Hauslebens recht (und das ist etwa ein Zehntel der angepeilten Lebenserwartung). Schon nach der so kurzen Zeit könnten Sie vor der Entscheidung stehen, Ihre Wärmedämm-Verbundfassade auszuwechseln. Haben Sie sich schon einmal erkundigt, wie viel die Entsorgung von 35 m^3 mit Kleber, Armierung und Kunstharzputz verunreinigtem Polystyrol schon heute kostet?

Wer also heute beim Bauen nicht an die Entsorgung denkt, nimmt in Wahrheit eine riskante Hypothek auf, die entweder den Wiederverkaufswert schmälern oder den Nachnutzern, also planmäßig den eigenen Kindern, zur Last werden wird. Nachhaltiges Bauen sieht anders aus.

1.2.6 Zusammenfassung

In Zeiten, in denen der Energieverbrauch eine untergeordnete Rolle gespielt hat, war die Baukonstruktion sehr robust und die Lüftung über Ritzen und Spalten war absolut ausreichend.

Da z. B. durch die EnEV die Anforderungen an die Energiekennzahlen der Häuser enorm gestiegen sind, muss sich der Bauherr heutzutage zwangsläufig über die Nachhaltigkeit seines Bauwerks Gedanken machen.

Die grundlegenden Prinzipien der Nachhaltigkeit, orientieren sich nicht nur am späteren Energieverbrauch, sondern bereits am Primärenergieverbrauch beim Bau des Hauses. Diese Prinzipien sind die **Lebensdauer der Konstruktionen**, der Einsatz **energiesparender, wenig veredelter Baustoffe** und die **Wiederverwendbarkeit** von Materialien.

Die Langlebigkeit setzt voraus, dass die Konstruktion fehlertolerant ist und auch gut repariert werden kann.
Wenig veredelte Baustoffe sind sicher schwieriger zu verarbeiten, aber bedenken Sie stets, dass die Kunden der Baustoffindustrie die Handwerker, nicht die späteren Hausbewohner sind. Aus wessen Sicht sind die empfohlenen Baustoffe also nun "gut geeignet"?
Die Wiederverwendbarkeit setzt eine sortenreine Trennbarkeit voraus. Nur dann können Stoffe auch später neu verbaut oder umweltgerecht entsorgt werden. Viele konventionelle Produkte und Baustoffe verletzen diesen Punkt heute eklatant.

2 Das Haus im Einzelnen - eine positive (Öko-)Bilanz

2.1 Bauart und Bauform (M. Guggenberger)

Allein über die Geometrie eines Gebäudes und damit über seine Sonnenausrichtung, Verschattung und dergleichen ließe sich ein eigenes Buch schreiben. Doch verallgemeinernde Erläuterungen zu diesem Thema sind selten hilfreich. Denn mit dem Grundstück sind in den meisten Fällen klare bauordnungsrechtliche Vorgaben wie Baugrenzen, Baulinien, Geschoßzahl usw. verbunden, die nur begrenzten Gestaltungsspielraum eröffnen. Dennoch hat jeder Bauherr Anspruch auf sein individuelles Haus, und so beginnt eine gemeinsame Suche nach dem idealen Baukörper, die auch Entwurf genannt wird.

Ursprünglich sind die Bedürfnisse der Bauherren Schutz vor Witterung, Privatheit und Geborgenheit. Paradoxerweise wächst die Sehnsucht nach Transparenz und Offenheit im gleichen Maß wie das Bedürfnis nach Geborgenheit. Schutz und Transparenz gleichzeitig kann ein Haus jedoch nicht bieten. Dabei müssen das Grundstück und die Bepflanzung mithelfen. Das Haus soll also auch die Umwelt einbeziehen, Berührungspunkte zum Garten und zur Umgebung schaffen. Im Idealfall werden im Sommer Terrasse und Garten als Teil des Wohnraums verstanden und in den Entwurf integriert. Ein ausgeglichenes, gesundes Innenklima zu jeder Jahreszeit, gute Raumfunktion und Außenwirkung sind natürlich ebenfalls zu beachten.

Hier kann die Entscheidungsfindung schnell zur Qual werden, wenn dieser Prozess nicht durch einen erfahrenen Architekten begleitet wird. Ihr Bau hat jetzt bereits begonnen! Sparen Sie nicht am Entwurf. Vor allem nehmen Sie sich Zeit, Ihre Gedanken und Wünsche zu sortieren. Trennen Sie Notwendiges von Wünschenswertem. Legen Sie selbst die Prioritäten fest und suchen Sie sich einen Planer, der Ihnen zuhört und Ihnen die Möglichkeit gibt, reflektierte Entscheidungen zu treffen. Wenn ein Planer für verschiedene Bauherren auf verschiedenen Bauplätzen immer wieder nur den gleichen Typ Haus entwirft, liegt der Verdacht nahe, dass der Bauherr als Sponsor einer weiteren Werbefläche für den Architekten missbraucht wird. Bestehen Sie auf Ihre Individualität und prüfen Sie, ob Ihr Planer oder Berater auf Ihre Fragen echte Antworten weiß. Auf diese Weise legen Sie den vielleicht wichtigsten Grundstein zur positiven Ökobilanz: Sie bauen genau das, was Ihnen nützt, und nicht was Ihnen die Mode oder die Werbung als wichtig und wünschenswert suggeriert.

Zum Glück gibt es in diesem Prozess wichtige verbindende Gemeinsamkeiten:

- ein begrenztes Budget,
- die energietechnische Anforderung Hüllflächen zu reduzieren und Vor- und Rücksprünge zu vermeiden und
- die öko-logische Konsequenz zur Minimierung der eingesetzten Mittel gehen gemeinsame Wege.

Ein kleineres Haus hat immer eine bessere Ökobilanz, sofern das notwendige Platzangebot erfüllt wird. Das notwendige Platzangebot richtet sich einerseits nach den aktuellen Bedürfnissen der Bauherren und andererseits nach den gängigen Nachhaltigkeitsanforderungen: Das Haus muss verschiedenen Nutzergenerationen und Lebensumständen Rechnung tragen, um die hohen Erwartungen an die Langlebigkeit seiner Konstruktion auch räumlich zu erfüllen.

2.2 Beschreibung der Baukonstruktion und Ökobilanz (M. Guggenberger)

In diesem Kapitel finden Sie das Wohnhaus in seinen einzelnen Bestandteilen beschrieben. Im Rahmen einer Ökobilanz wird der Primärenergieverbrauch zur Herstellung von kompletten Hausaufbauten miteinander verglichen. Es werden dabei der hier gewählte Massivholzbau, eine moderne Öko-Ziegelbauvariante und eine Ziegel-Billigvariante mit Wärmeverbundsystem betrachtet. Die geeignete Methode zum Vergleich der drei Bauten ist die **Ökobilanz**. Im Rahmen einer Ökobilanz werden Einflüsse auf die Umwelt, die bei der Rohstofferschließung, Herstellung, Nutzung und Entsorgung der Produkte entstehen, erfasst und bewertet. Eine Richtlinie zur Erstellung von Ökobilanzen ist die DIN ISO 14040-14044. Gelegentlich werden auch Entscheidungsbegründungen angeboten und sinnvolle Alternativen aufgezeigt.

Ökologisch nachhaltiges Bauen drückt sich auch in der Harmonie aller gewählten Baustoffe zueinander aus. Die Schnittstellen der Gewerke, klimatische Bedingungen der Baustelle, Verarbeitbarkeit und regionale Verfügbarkeit von Baustoffen und Handwerkern sind nur einige der Kriterien die bei der Entscheidung berücksichtigt werden müssen. Nehmen Sie beim Bau Ihres Hauses unbedingt Rücksicht darauf, dass naturbelassene Baustoffe manchmal ein ungewohnt langsames Austrocknungsverhalten haben. Planen Sie entsprechende Zeitpuffer ein! Der Zwang zu kurzer Bauzeit ist einer der mächtigsten Beförderer für Bauchemie im Haus!

Versuchen Sie bitte nicht, die hier beschriebenen Aufbauten nachzubauen, wenn Ihnen die Handwerker mit dem dafür nötigen Verständnis fehlen. Wenn ein Handwerksbetrieb auf konventionelle Bauweise ausgerichtet ist und "auch einmal" ökologisch bauen will, dann ist der unvermeidliche Griff zur Bauschaum-Dose bereits vorprogrammiert. Nachhaltig ausgerichtete, ökologisch eingestellte Handwerker können gar nicht anders als ihren Weg konsequent zu verfolgen. Sie bauen entweder mit natürlichen Baustoffen oder gar nicht! Sie brauchen nämlich Mitarbeiter, die den Nachhaltigkeitsgedanken mitgehen und wenn der Chef schon inkonsequent ist, wie sollte er Konsequenz von seinen Mitarbeitern einfordern können?

Man kann nachhaltiges Bauen auch nicht per Ausschreibung erzwingen. Ausschreiben bedeutet Preisdruck auszuüben und mit Preisdruck führt Ihr Weg zurück in die bereits oben beschriebene chemische Trickkiste. Setzen Sie sich als Bauherr eine klare Budgetgrenze und kommunizieren sie diese Ihrem Planer. Nachhaltiges Bauen passiert in einem vertrauensvollen Miteinander. Auf Baustellen unter dem gemeinsamen Ziel der Nachhaltigkeit arbeiten Bauherr, Planer, Bauleiter und Handwerker miteinander und unterstützen sich gegenseitig. Der vermeintliche Nachteil, keinen Preisdruck ausüben zu können wandelt sich rasch in den "Vertrauensvorteil" um: Verbesserungsvorschläge der Handwerker bereichern das Gebäude, allfällige Ausführungsfehler werden entdeckt und behoben statt vertuscht und zugedeckt. Die positive Energie ist spürbar. Solche Baustellen sind im Baugebiet oft bekannt als "das Haus mit den freundlichen Handwerkern", und das Wissen um diese Energie macht das Wohnen in einem solchen Haus noch erfreulicher. Doch nun zu den Bauteilen im Einzelnen.

2.2.1 Gründung und Bodenaufbau

Über sprichwörtlich "festen Stand" und "trockene Füße" wird sich ein jeder freuen. Durch sorgfältige Auswahl der Baustoffe soll diesem Anspruch für das Haus entsprochen werden. Von außen nach innen wurde folgender Aufbau im Bereich der Sohle gewählt und ausgeführt (siehe auch Abbildung 2.1):

- 2 cm Massivholzdiele Eiche, geölt (1. in Abbildung 2.1),
- 14 cm Kreuzlattenrost aus Kanthölzern mit Zellulose-Dämmschüttung (2. in Abbildung 2.1),
- Dampfsperre aus Polyethylen-Material (3. in Abbildung 2.1),
- 25 cm Bodenplatte aus Stahlbeton (4. in Abbildung 2.1),
- 20 cm Glasschaumschotter als Sauberkeits-, Drän- und Isolierschicht (5. in Abbildung 2.1),
- Verdichteter Kiesunterbau, sickerfähig, frei von Setzungs- und Grundwassergefahr(nicht in Abbildung 2.1 enthalten).

Der resultierende U-Wert des Bauteils ergibt sich zu 0,20 W/m^2K. Der CO_2-Wert für die Herstellung des Aufbaus liegt bei 82 kgC02/m^2 und damit laut Ökobilanz [KLI] um gut 25 % niedriger als bei den verglichenen Aufbauten.

Die Dämmstoffe:
Glasschaumschotter besteht zu 98 % aus Altglas, das zur Herstellung von neuem Verpackungsglas nicht mehr geeignet ist, und zu 2 % aus dem mineralischen Aktivator Siliziumcarbid. Glas, also auch Glasschaumschotter unterliegt keinem chemischen Abbauprozess. Daher ist er nach menschlichem

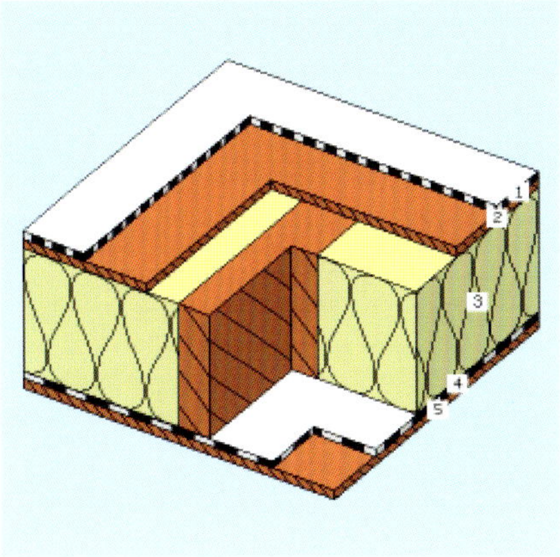

Abbildung 2.1: Schematischer Bodenaufbau

Ermessen unbegrenzt gebrauchsfähig. Das ist schon ein schlagkräftiges Argument, denn die Gründungssole eines Hauses sollte schließlich länger bestehen können als alle anderen Teile des Hauses. Diese unschlagbare Kombination aus Tragfähigkeit und schier endloser Nutzungsdauer wird von keinem anderen heute gebräuchlichen Baustoff erreicht. Und selbst nach dem Ende eines Hauslebens kann der Glasschaumschotter, da sortenrein und chemisch unverändert, immer wiederverwendet werden.

Wir überprüfen den Baustoff hinsichtlich der Grundprinzipien:
Eine Schüttung aus Glasschaumschotter ist fehlertolerant: Der Einbau ist technisch unkompliziert, auch bei unebenem Untergrund. Der Baustoff besteht aus Altglas und wird sortenrein, also ohne Vermengung mit Klebstoffen oder sonstige Verschmutzung eingebaut. Die gleichzeitige Drän- und kapillarbrechende Wirkung schützt das Bauwerk zusätzlich vor aufsteigender Feuchtigkeit und das Material ist stofflich wiederverwendbar.

Die heute gebräuchlichste Alternative, die Perimeterdämmung aus Hartschaumplatten besteht aus extrudiertem Polystyrol. Die Umwelt-Produktdeklaration zu diesem Produkt sagt dazu lapidar: "Die Nutzungsdauer des XPS ist gleich der Nutzungsdauer des Bauteils, in dem es verwendet wird." Begründet wird das nicht mit wissenschaftlichen Beweisen, sondern mit den "ausgezeichneten mechanischen Festigkeiten und Beständigkeiten gegenüber Wassereinwirkung."

Im gleichen Dokument wird bekanntgegeben, dass in XPS das Flammschutzmittel HBCD enthalten ist, das in der europäischen Chemikalienverordnung als "besonders Besorgnis erregend" eingestuft wird. Wer einen ernsten Blick auf die weiteren Inhaltsstoffe wirft wird vielleicht auch hoffen, dass die in unserer Generation bereits vergrabenen Millionen von Kubikmetern XPS möglichst lange an Ort und Stelle bleiben.

Dämmstoffe aus **Zellulose** sind organische Faserdämmstoffe. Sie werden aus recyceltem Tageszeitungs-Altpapier hergestellt. Durch den Einschluss von Luft in den Faserzwischenräumen erreichen sie ihre Dämmwirkungen. Sortenrein abgesaugte Zelluloseflocken können im Prinzip in gleicher Funktion wiederverwendet werden. Die Nutzungsdauer ist unbegrenzt, solange sie im Trockenen eingebaut sind. Natürlich gäbe es auch zu diesem Baustoff Einwände vorzubringen. Das als Flammschutz beigemengte Borsalz wird oft als gesundheitsschädlich gebrandmarkt, ohne zu erwähnen, dass Borsalze auch in Mineralwolle-Dämmstoffen Verwendung finden.

Da für Bauvorhaben aber ein realisierbarer Kompromiss auf Basis der drei Konstruktionsprinzipien gefunden werden muss, fällt die Entscheidung zugunsten der Zellulose-Dämmung aus:
Der Einbau als Schüttung ist unkompliziert und fehlertolerant. Die Flocken umschließen Einbauteile im Bodenaufbau fugenlos. Ungeplante Kältebrücken durch Stoßfugen sind ausgeschlossen. Die kapillare Sorptionsfähigkeit der Zellulosefaser und ihre Rücktrocknungsfähigkeit sorgen bei eventuellen Wasser- oder Feuchtigkeitsschäden dafür, dass die Feuchtigkeit rasch wieder ausgetragen wird. Der Baustoff wird sortenrein eingebaut und ist auch wieder sortenrein zu entnehmen. Die stoffliche Wiederverwendbarkeit ist zu 100 % gegeben.

Die **Baufolien**:
Als Abdeckung zwischen Glasschaumschotter und Stahlbeton wurde eine handelsübliche Polyethylen-Folie gewählt. Vertretbare ökologische Alternativen bestehen zu diesem Produkt leider nicht. Als Sperre gegen aufsteigende Feuchtigkeit wurde auf die Bodenplatte eine schaumstoffkaschierte, strapazierfähige Polyethylen-Folie verwendet. Die übliche Bitumen-Schweißbahn wurde wegen der langfristigen Ausgasung von gesundheitsschädlichen VOCs und SVOCs und der höheren einzusetzenden Masse bewusst vermieden. Generell sollte der Einsatz dieser Erdölprodukte aufgrund ihres hohen Primärenergiebedarfs auf das Notwendigste beschränkt werden. In diesem Ein-

satzfall dienen die Folien jedoch der Verlängerung der Nutzungsdauer der Konstruktion und sind angemessen eingesetzt.

Eine Überprüfung der Baustoffwahl anhand der Grundprinzipien zeigt nur wenige Vorteile für die verwendeten Baustoffe. Einzig dass die Folien nicht mit dem Untergrund verklebt wurden und somit sortenrein wiederzugewinnen sind, zeugt vom sorgfältigen Umgang mit dem notwendigen, aber nicht unbedenklichen Kunststoff Polyethylen.

Der **Bodenbelag**:
Der Primärenergieaufwand von Massivholzdielen ist wegen der einfachen Bearbeitungsschritte relativ gering. Für die technische Trocknung wird vergleichsweise viel Energie benötigt, die aber meistens ressourcenschonend durch die im Sägewerk anfallenden Hackschnitzel bereitgestellt wird. Auch die Transportwege des Holzes spielen eine große Rolle, deshalb wurde beim Bodenbelag des Öko-Holzbaus kein Tropenholz, sondern europäisches Laubholz aus nachhaltiger Forstwirtschaft verwendet.

Der Unterbau aus kreuzförmig verlegten Holzlatten führt dazu, dass die Holzdielen auf ihren Schwellen elastisch gelagert sind. So wird die Elastizität der Massivhölzer aktiviert, der Boden fühlt sich beim Begehen elastisch und "lebendig" an, was dem Wohnraum eine angenehme Dynamik verleiht und den Wohnwert deutlich steigert. Der Bodenbelag aus Massivholzdielen auf dem Holzlattenrost genügt in hervorragender Weise den drei Konstruktionsprinzipien:
Der Aufbau ist fehlertolerant, da die Oberfläche bei Bedarf einfach abzuschleifen und neu aufzubereiten wäre. Nötigenfalls ließen sich auch einzelne Bretter ausbauen oder austauschen. Die Konstruktion kann auch größere Unebenheiten im Untergrund spielerisch ausgleichen und lässt ausreichend Platz für die Leitungsführung der Haustechnik.

Die Vermeidung vollflächiger Verklebung sorgt dafür, dass alle verwendeten Materialien sortenrein wieder ausbaubar sind und der Naturstoff Massivholz wurde weder durch Klebstoffe noch durch unnatürliche Oberflächenversiegelung "verunreinigt". Ein ebenso einfacher wie langlebiger Bodenaufbau ist gelungen.

2.2.2 Ökobilanz-Vergleich der verschiedenen Bodenkonstruktionen

Die zum Vergleich stehenden baulichen Alternativen benötigen selbstverständlich auch eine Bodenplatte aus Stahlbeton und die entsprechenden Baufolien. Hierin werden wir keine Unterschiede finden. Als Dämmstoff wurden hier jedoch Polystyrol-Schäume (XPS) auf bzw. unter der Bodenplatte verwendet, die wegen ihrer lang anhaltenden Ausgasungen schon aus gesundheitlicher Sicht in einem Wohnhaus nichts zu suchen haben. Als Bodenauflage wurde ein Zementestrich mit bzw. ohne Fußbodenheizung verwendet, der Bodenbelag wurde ebenfalls als Naturholzdielenboden bzw. als Laminatboden angenommen. Der U-Wert aller drei verglichenen Konstruktionen ist identisch.

Obwohl die überwiegende Masse des Bauteils, nämlich der Stahlbeton in allen Fällen identisch ist, zeigen sich beachtliche Unterschiede in der Ökobilanz:
Das Treibhauspotenzial wird durch die getroffene Materialauswahl nur in geringem Umfang beeinflusst (vgl. Abbildung 2.2). Eine physikalische Baugrunduntersuchung vorab hätte unter Umständen die Reduzierung der Betonmenge in der Bodenplatte zur Folge. Möglichst wenig Stahlbeton einzusetzen sollte das Ziel nachhaltigen Bauens sein, da die Herstellung von Beton und Zement enorme Mengen von Primärenergie verschlingt und Unmengen klimaschädigende Emissionen verursacht.

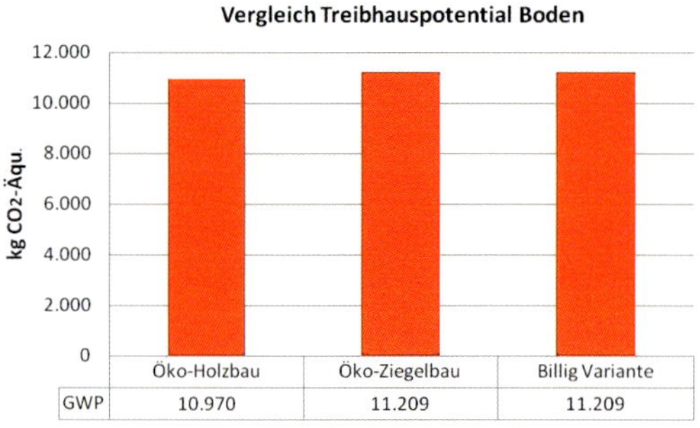

Abbildung 2.2: Treibhauspotenzial der Bodenkomponenten im Vergleich. [KLI]

Der Primärenergiebedarf des Öko-Holzhauses zeigt jedoch den erwarteten Vorsprung gegenüber den konventionellen Bauten (vgl. Abbildung 2.3). Die hier eingesparten 28.000 Megajoule Energie entsprechen immerhin rund 8.000 kWh oder 800 Liter Heizöl bzw. 4 Ster Brennholz. Damit sollte beinahe ein Jahres-Heizenergiebedarf des Hauses gedeckt sein! Die Kontrolle unserer Auswahl durch das Ökobilanzverfahren fällt also positiv aus und ergänzt die vorgenannten Argumente.

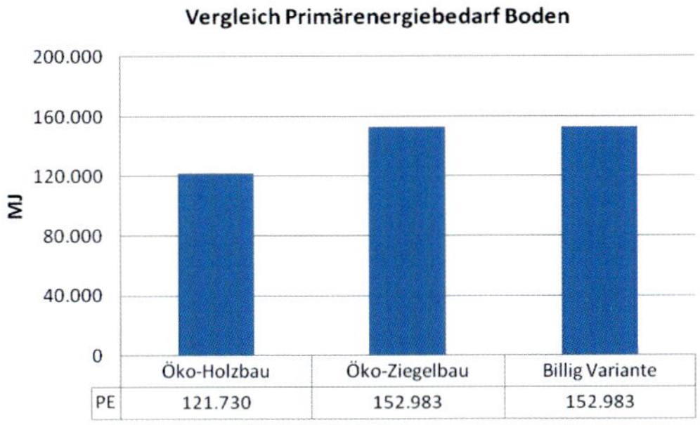

Abbildung 2.3: Primärenergiebedarf der Bodenkomponenten im Vergleich. [KLI]

2.2.3 Außenwände, Fenster und Außentüren

Die Außenhülle des Hauses oder in Analogien gesprochen: die dritte Haut des Menschen ist für seine Bewohner von besonderer Bedeutung. Wegen unserer aufrechten Haltung und weil wir Menschen uns überwiegend horizontal orientieren, nehmen wir die Wände und Fenster weit stärker wahr als andere Bauteile. Sowohl mit dem Auge als auch mit unserem Temperatursinn: Vor angenehm anmutenden, atmungsaktiven Wänden brauchen wir keinen "Behaglichkeitsabstand" einzuhalten. Wenn dann die Außenwände auch noch vollflächig angenehm beheizt sind, gewinnt das Haus an zusätzlicher innerer Größe: Während in anderen Häusern die Bewohner im Winter von ihren Außenwänden abrücken, zieht es die Bewohner von Massivholzhäusern zu ihren Wänden hin. Der Wohnraum wird subjektiv größer empfunden.

Um diesem Anspruch gerecht zu werden, wurde von innen nach außen folgender Aufbau gewählt und ausgeführt:

- Naturlehm-Innenputz aus regionaler Produktion auf Schilfrohr-Trägermatte mit integrierter Wandflächenheizung (1. in Abbildung 2.4),

- Massivholzwand aus stehendem Block und kreuzweiser Verschalung (2. in Abbildung 2.4),
- senkrechte, nichttragende "Sparren" mit Zellulose-Einblasdämmung in den Balkenzwischenräumen und gitterverstärktem Kraftpapier (3. in Abbildung 2.4),
- waagrechte Massivholzschalung als stabilem Putzgrund (4. in Abbildung 2.4),
- reiner naturhydraulischer Sumpfkalkputz auf Schilfrohr-Trägermatte und Kalkaußenfarbe (5. in Abbildung 2.4).

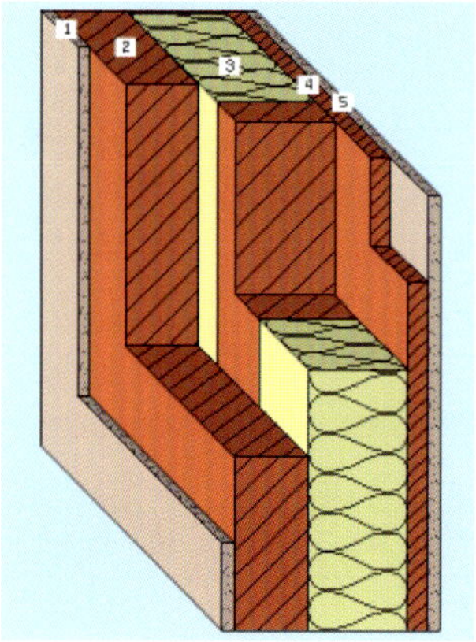

Abbildung 2.4: Schematischer Wandaufbau

Der resultierende U-Wert des Bauteils beträgt 0,17 W/m^2K. Der CO_2-Wert für die Herstellung des Aufbaus liegt bei -159 kgC02/m^2 und damit laut Ökobilanz [KLI] um gut 150 % niedriger als bei den verglichenen Wandaufbauten. Das "negative" Ergebnis resultiert daraus, dass Bäume während ihres Wachstums CO_2 aus der Atmosphäre entnehmen und dieses dauerhaft im Holz gespeichert ist. Durch die technische Bearbeitung (Transport, Sägen, Hobeln) des Holzes wird nur ein Bruchteil des eingespeicherten CO_2 wieder eingesetzt, so dass die fertiggestellte Wand noch immer 159 kgC02/m^2 "Guthaben" besitzt, wohingegen sich die verglichenen Wandaufbauten mit 221 bzw. 233 kgC02/m^2 "im Soll" gegenüber der Atmosphäre befinden.

Zur Baustoffauswahl im Einzelnen:

Als zentrales Element der Wandkonstruktion kam die **Massivholzwand** zum Einsatz. Die Konstruktion besteht zu 90 % aus regionalem Mondphasenholz. Schon durch die Holzernte zum "richtigen" Zeitpunkt wird das Ökosystem Wald geschont und das Holz ist schon zu Produktionsbeginn nachweislich trockener und widerstandsfähiger. Aufgrund seiner regionalen Herkunft, den kurzen Transportwegen, des stark verringerten Trocknungsaufwands und der 100 %-igen Verwertung der Stämme im Prozess wird das "Naturgeschenk Holz" mit so wenig Primärenergieaufwand wie möglich verarbeitet. Zum Einsatz in den Bauteilen kommen ausschließlich vollkantige Balken und Bretter. Splint- und Restholz wird zur Wärmeerzeugung im Betrieb verwendet. Dass die Zimmerei Brunthaler, die die Wandkonstruktion erstellt hat, durch verschiedene prozesstechnische Maßnahmen mindestens energieautark ist bzw. inzwischen mehr Energie erzeugt, als sie selbst verbraucht ist ein angenehmer Nebenaspekt, der sich mangels belegbarer Grundlagen in der Ökobilanz leider nicht niederschlägt. In der Berechnung wurden nur neutrale und offiziell anerkannte Datengrundlagen verwendet.

Die verwendeten **Verbindungsmittel** sind geharzte Stahlklammern und -schrauben. Ebenfalls zur Disposition stehende Holznägel als Verbindungsmittel schaffen nach unserer Einschätzung in keiner der drei Nachhaltigkeits-Konstruktionsprinzipien einen entscheidenden Vorteil. Auch bei der Variante mit Holznägeln müssten zur Montage vor Ort Verbindungsmittel aus Stahl eingesetzt werden, so dass das Reinheitsgebot letztlich auch hier nicht besser umgesetzt wäre. Ein Rückbau der Wände und die stoffliche Verwertung des Holzes sind unrealistisch. Der Baustoff Holz wäre beim Abriss als Rohstoff für Nachfolgeprodukte anzusehen oder der thermischen Verwertung zuzuführen. Bis es soweit ist, besteht aufgrund der enormen Traglastreserven und des einfachen Aufbaus jederzeit die fehlertolerante Möglichkeit für Um- und Anbauten, ohne die Qualität des Gebäudes zu gefährden.

Als Wandquerschnitt wurde eine teilmassive Variante aus 15 cm innenliegender Tragschale aus Massivholz mit 24 cm angehängter Dämmschale aus Massivholz mit **Zellulose-Einblasdämmung** gewählt. Der Querschnitt bietet die für dieses Bauvorhaben optimale Wirkungskombination für die Belange U-Wert, Phasenverschiebung, Auskühldauer, Nachhaltigkeit, Behaglichkeit und Wirtschaftlichkeit. Insbesondere der raumseitige Massivholzanteil wirkt sich harmonisierend und behaglich auf alle Bewohner aus.

Die Vorteile der Zellulose-Einblasdämmung wurden zum Teil schon im vorhergehenden Kapitel erwähnt. Was im Bodenaufbau für den fugenfreien Einbau spricht, ist auch in der Wand ein schlagkräftiges Argument. Einblasdämmung ist generell mit dem Problem der schlechten Kontrollierbarkeit belastet. Wenn der Dämmstoff nicht fachgerecht eingebracht wird, entsteht ein schwer korrigierbarer Mangel am Gebäude. Eine genaue Protokollierung der eingebrachten Dämmstoffmenge, erfahrene und verantwortungsbewusste Verarbeiter und die regelmäßige Kontrolle der fertigen Leistung mittels Wärmebildkamera schaffen jedoch genügend Sicherheitsreserven um diesem Baustoff vertrauen zu können. Denn neben der hervorragenden Wirkung im sommerlichen Hitzeschutz und dem guten Preis-Leistungs-Verhältnis leistet dieser Dämmstoff einen besonderen Beitrag zur Nachhaltigkeit der Wandkonstruktion, der den vorgenannten Schwachpunkt mehr als wettmacht:

Der Wandaufbau ist insgesamt sehr diffusionsoffen und dadurch fehlertolerant bzw. "selbstheilend" geplant. Wie schon erwähnt unterstützt die Zellulosefaser die sog. Rücktrocknung des Bauteils. Darunter versteht man, dass die naturgemäß anfallende Feuchtigkeit an der Außenseite der Wandkonstruktion schadenfrei kondensieren darf und durch die Sorptionsfähigkeit der gewählten Baustoffe immer wieder aus dem Bauteil herausbefördert wird. Formschlüssig eingeblasene Zellulose und massive Holzschalung bilden ein "erfolgreiches Team" an der stark beanspruchten Außenseite der Wand, das die auftretenden Temperaturwechsel und Feuchtigkeitsbelastungen über sehr lange Zeiträume unbeschadet überstehen wird.

Abgeschlossen wird die Außenhaut mit einer rund 2,5 cm starken dreilagigen **Kalkputz-Schicht** aus naturhydraulischem Kalk auf einer Trägerschicht aus Schilfrohrmatten. Der Außenputz von Gebäuden ist traditionell eine Verschleißschicht, die für mindestens 30 bis 50 Jahre dem Schutz der darunterliegenden Konstruktion dient und danach erneuert wird, um die Lebensdauer der Konstruktion zu verbessern. Die Ästhetik ist eine weitere, aus Sicht der Nachhaltigkeit unbedeutende Funktion.

Es ist erschreckend, dass in jüngster Zeit immer weniger Putzfassaden hergestellt werden, die der Nachhaltigkeit genügen und den Verschleiß berücksichtigen! Bitte fragen Sie sich selbst, wie eine 5 mm dünne Schicht aus Mineralstoffen, Gewebe und Kunstharzen den wechselnden Beanspruchungen aus -20 °C bis +60 °C, Schlagregen, Hagel, UV-Strahlung und Ozonbelastung, Algen und Pilzen usw. dauerhaft standhalten soll? Dass dafür riesige Mengen an umweltschädigenden Kunstharzen und Bioziden nötig sind, lässt sich unschwer erahnen.

Übrigens sind Biozide, die solche Fassaden vor Algen- und Pilzwachstum schützen, wasserlöslich. Das bedeutet, sie werden vom Regen ausgewaschen und müssen mit jedem Anstrich aufgefrischt werden. Die Biozide sammeln sich dann natürlich im eigenen Garten oder in unseren Gewässern an. Mit unabsehbaren Auswirkungen auf die Umwelt. Und wie lange wird das Putzsystem funktionieren? Lässt sich so ein Putz ausbessern oder erneuern ohne dass das Trägersystem, also die darunterliegende Dämmplatte den Sondermüllanfall noch ergänzt? Da machen auch WDVS-Systeme auf Holzfaserplatten nur eine bedingt gute Figur. So fallen beim nächsten Renovierungsputz in 20-30 Jahren wenigstens 40 m^3 stark verunreinigter Holzwolle-Sondermüll an, anstelle von 40 m^3 verunreinigter Polystyrole.

Reiner Kalkputz, auf tragfähigem Holzuntergrund aufgebracht, lässt sich dagegen problemlos nachbessern: Rissausbesserung oder gar ein neuer Deckputz erforderlich? Kein Problem.

Der Untergrund ist tragfähig genug. Nächste Generationen wünschen eine vollkommen neue Putzschicht oder eine hinterlüftete Holzfassade? - Kein Problem. Die massive Schalung als Untergrund wird auch diese Veränderung mitmachen. Der Kalkputz kann mit reiner Kalkfarbe gestrichen werden und benötigt keine Biozide! Sein natürlicher PH-Wert lässt Algen oder Pilzwachstum von vornherein nicht zu. Vielleicht erkennen Sie langsam, um welche Qualitäten es beim nachhaltigen Hausbau geht: Wer seinen Horizont über den Tellerrand der nächsten 25 bis 30 Jahre hinaus ausweitet, wird nicht mehr so leicht auf die billigen Hochglanzversprechungen der Baustoffindustrie hereinfallen.

Zu guter Letzt wären da noch der Innenputz und die Strahlungsheizung im System "Hüllflächentemperierung" zu beschreiben. Über letztere lesen Sie bitte im Kapitel Haustechnik nach. Über den **Lehmputz** wurde in den letzten Jahren sehr viel Gutes publiziert, was ich an dieser Stelle nur bekräftigen kann. Die Massivholzwand lässt sich zwar auch mit sichtbarer Holzoberfläche ausführen, doch wer sich den Komfort gönnen will, seine Außenhülle komplett zu beheizen und dabei die harmonisierende Wirkung des Massivholzes nicht verlieren möchte, wird um Lehmputz nicht herumkommen. Der nass in 2 bis 3 Lagen eingebrachte Lehm trägt zwar relativ viel Wasser in das bis dato trockene Hausinnere, doch durch dieses Verfahren geht der Lehm eine beinahe symbiotische Verbindung mit dem Holz ein und hat dabei ähnlich sympathische Oberflächeneigenschaften wie das natürliche Holz.

Doch Vorsicht: Die Bauchemie hat das Bestreben, sich auch bei den ursprünglichen Baustoffen durch bessere Arbeitszeitwerte "unverzichtbar" zu machen. Leider gibt es auch beim Lehmputz bereits industrielle Bestrebungen, dieses hervorragende Produkt durch die Beimengung von Konservierungsmitteln, Fungiziden und anderen Zusatzstoffen auf breiter Front "handwerkerfreundlich" zu gestalten. Wenn Lehmputz erst unabhängig von Temperatur und Luftfeuchtigkeit immer gleich schnell und sicher verarbeitbar ist, dann handelt es sich nicht mehr um ein reines Naturprodukt nach dem Reinheitsgebot.

Der bei diesem Bauvorhaben verwendete Lehm ist naturbelassen und stammt aus einer Lehmgrube, die nicht weiter als 100 km vom Bauort entfernt ist. Natürlich wird die Umwelt durch die Vermeidung von Transportenergie entlastet. Dass bei der Produktion des Lehmputzes ausschließlich Sand zugegeben wird und dass die Trocknung des Materials an der freien Luft ohne Zugabe von Trocknungsenergie erfolgt, spart noch einmal große Mengen an Primärenergie ein. Schade, dass sich diese Vorteile nicht in der Ökobilanz niederschlagen, denn wie schon erwähnt, stützt sich die wissenschaftliche Erhebung für dieses Buch auf nachprüfbare und allgemeingültige Datenbankwerte.

Ebenfalls im Bauteil Außenwand enthalten sind die **Fenster und Fenstertüren** sowie die Haustüre. Bei diesen Bauteilen fiel die Wahl auf aluminiumverblendete Fichtenholzfenster mit einer drei-fach-Verglasung. Die Holzoberflächen wurden geölt. Nur geölte oder unbehandelte Massivholzfenster aus heimischem Lärchen- oder Eichenholz könnten die gute Ökobilanz dieser Bauteile noch übertreffen. Die vorgesetzte Aluminiumschale benötigt zwar einen hohen Einsatz von Primärenergie, dieser lässt sich jedoch durch die zu erwartende Verlängerung der Gesamtnutzungsdauer, durch den verringerten

Unterhaltsaufwand und durch die gute Recyclingfähigkeit des Aluminiums rechtfertigen.

2.2.4 Ökobilanz-Vergleich der verschiedenen Außenwandkonstruktionen

Auch für diesen Gesamtaufbau wurde die Ökobilanz berechnet und mit zwei theoretischen Wandaufbauten verglichen. Der Aufbau der "Billig-Variante" besteht aus einem Wärmedämm-Verbundsystem aus 19 cm EPS (Polystyrol) mit Kunstharzputz sowie 24 cm Hochlochziegelmauerwerk mit Gips-Innenputz und Dispersionsanstrich. Diese Variante besitzt nicht nur die schlechteste Ökobilanz, sie widerspricht wie oben erläutert dem Grundsatz der Fehlertoleranz, des Reinheitsgebotes und des Recyclinggedankens. Für dieses Haus wurden Kunststofffenster und -fenstertüren aus PVC (Polyvinylchlorid) verwendet. Im Brandfall entsteht aus PVC Salzsäure, die beim Einatmen in geringen Dosen bereits zu schwersten Schäden in den Atemorganen führt. PVC ist ein Abfallprodukt der Chlorchemie. Nach dem Ende der Lebensdauer lässt sich das Material nur sinnvoll thermisch verwerten. Bis es soweit kommt, wurde der Umwelt und der Atmosphäre jedoch solcher Schaden zugefügt, dass dieses Material nur in unvermeidlichen Ausnahmefällen zum Einsatz kommen sollte.

Die Außenwand des "Öko-Ziegelhauses" hingegen besteht aus 40 cm perlitegefülltem Ziegel neuester Bauart mit einer Wärmeleitfähigkeit von 0,07 W/(mK), die außen mit Kalkputz und Kalkfarbe und Innen mit Gipsputz und ökologischer Lehmfarbe beschichtet ist. Gegen diesen einschaligen Wandaufbau lässt sich bei Überprüfung anhand der Konstruktionsprinzipien wenig einwenden. Doch der enorme Primärenergiebedarf bei der Herstellung und die Tatsache, dass diese modernen Ziegel mit kunstharzvergüteten Bauklebern, die ihre Spuren in der Raumluft hinterlassen, aneinandergeleimt werden und dass im Fall eines Abbruchs keine sortenreinen Stoffe mehr, sondern lediglich Abraum zur Entsorgung in einer Bauschuttdeponie übrig bleibt, sind bedauerliche Wehrmutstropfen. Die hier verwendeten Fenster entsprechen den Fenstern des Massivholzhauses.

Beide Vergleichsaufbauten erreichen ebenfalls den U-Wert von 0,17 W/m^2K. Der rechnerische Ökobilanz-Vergleich der drei Außenwände geht eindeutig zu gunsten der gewählten Konstruktion aus, und das obwohl mangels belastbarer Daten mit Datenbank-Werten für Bauholz, Lehm und Kalkputz gerechnet wurde. Reale Verbesserungen durch den Einsatz von regionalem Holz und Lehm sowie durch den weitgehenden Verzicht auf technische Holztrocknung sind noch gar nicht berücksichtigt. Der Primärenergieaufwand der realisierten Wand liegt gut 85.000 Megajoule niedriger als der des "Öko-Ziegelhauses".

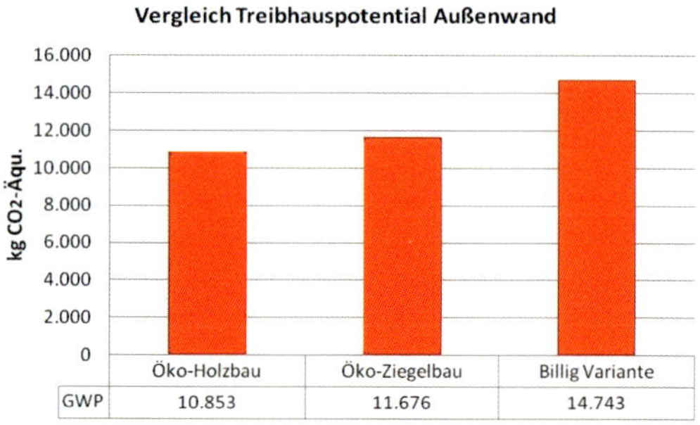

Abbildung 2.5: Treibhauspotenzial der Wandkomponenten im Vergleich. [KLI]

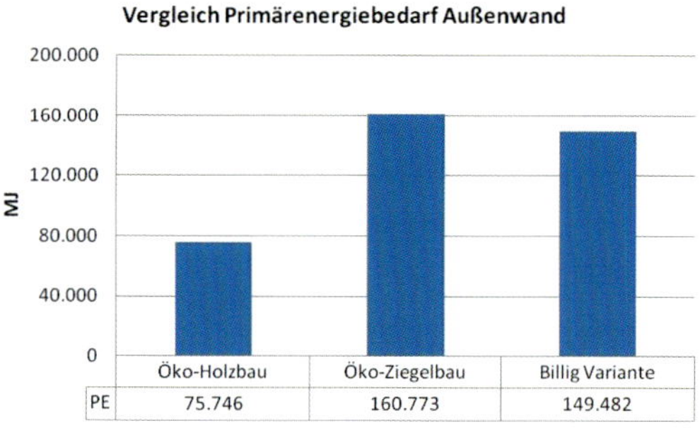

Abbildung 2.6: Primärenergiebedarf der Wandkomponenten im Vergleich. [KLI]

Die enorm energieaufwendige Herstellung von Perlite und porosiertem Ton lässt diese Wand sogar noch schlechter abschneiden als die "Billig-Variante". Die Energieeinsparung bei den Außenwänden entspricht etwa 34.000 kWh, also rund 3.500 Liter Öl oder gut viermal dem Jahresheizenergiebedarf des gesamten Hauses. Auch der Vergleich des Treibhauspotenzials fällt deutlich zugunsten des realisierten Hauses aus. Hier liegt die kunststoffintensive "Billig-Variante" erwartungsgemäß an letzter Stelle. Die Verwendung der Produkte aus Chlor- und Rohölchemie hinterlassen deutliche Spuren.

2.2.5 Innenwände und Innentüren

Die inneren Trennwände in Wohnhäusern haben folgende wesentliche Aufgaben zu leisten: Raumabschluss mit den Kriterien Sicht- und Schallschutz, Platz zur Installationsführung sowie tragende und aussteifende Funktion für das Gebäude. Diese Grundfunktionen können von beinahe allen gebräuchlichen Bauweisen mehr oder weniger gut gewährleistet werden. Über diese technischen Funktionen hinaus bieten die Innenwände auch noch Oberflächen für Dekoration und indirekte Beleuchtung. Wenn Innenwände mit den baubiologisch richtigen Materialien hergestellt werden, dann können sie darüber hinaus auch noch Speichermasse für Wärme und sorptionsfähiger Katalysator für Luftfeuchtigkeit sein und so positiv zum Wohlbefinden der Bewohner beitragen. Nach Abwägung aller Gesichtspunkte der Bauaufgabe fiel die Wahl der Bauherren auf Innenwände aus klassischen Holzständern aus Massivholz mit einer Füllung aus Hanf-Dämmstoff sowie Gipsfaserplatten mit Oberflächen aus Lehmfarben.

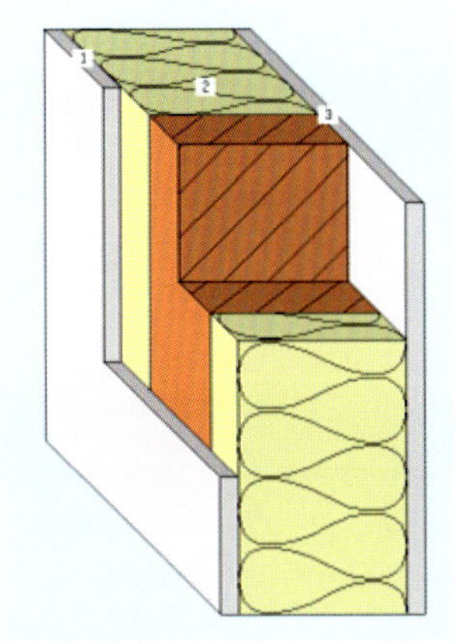

Abbildung 2.7: Schematischer Innenwandaufbau

Über das in den Wänden verwendete Holz wurde im vorhergehenden Kapitel bereits vieles gesagt, was hier ebenfalls anzuwenden ist. Natürlich hätte die Ausführung von vollmassiven Holzwänden mit Lehmputz die Ökobilanz und die Speichermasse des Hauses noch zusätzlich positiv beeinflusst. Doch die höheren Baukosten machten die Suche nach sinnvollen Alternativen erforderlich.

Wer bei der Auswahl des **Dämmstoffes für die Innenwände** genau hinschaut wird erfahren, dass sich in die meisten Produkte, die auf den ersten Blick ökologisch anmuten, Hilfsmittel "eingeschlichen" haben, die die Verarbeitung oder die Produktion erleichtern. Üblich sind zum Beispiel

- die Beimengung von Stützfasern aus Polyester oder Polypropylen (PP), die das Zusammensacken der natürlichen Fasern verhindern,
- Mischprodukte aus Natur-, Glas- oder Mineralfasern,
- der Einsatz von Pestiziden und Bioziden beim Anbau von Baumwolle oder bei der Reinigung von Schafwolle,
- die Verwendung von bedenklichen Flammschutz- oder Insektenschutzmitteln.

Der hier verwendete **Hanf** ist ein nachhaltig in Europa angebauter Rohstoff mit positiver CO_2-Bilanz. Der notwendige Flammschutz wird durch die Beimengung von Soda sichergestellt, die Stützfasern bestehen aus Maisstärke. Der Dämmstoff wurde so eingebaut, dass eine sortenreine Wiedergewinnung möglich ist. Im Falle eines Abbruchs lässt sich der Baustoff stofflich wiederverwerten, recyceln oder bedenkenlos thermisch verwerten. Mit solchen Baustoffen zu bauen, freut nicht nur die nachhaltig denkenden Bauherren, hier bedankt sich auch der Verarbeiter für ein gesundes Arbeitsklima.

Die Wandflächen der Ständerwände wurden mit **Gipsfaserplatten** belegt. Der etwa 20%ige Anteil von Zellulosefasern aus Altpapier ist in den Platten gleichmäßig verteilt. Dadurch besitzt dieser Baustoff gegenüber den gebräuchlichen Gipskartonplatten eine größere Dichte, höhere Stabilität (Aussteifung) und bessere Verwendbarkeit (Befestigung von Gegenständen). Der für diesen Baustoff benötigte Gips wird entweder in den Rauchgas-Entschwefelungsanlagen (REA) der großen Kohlekraftwerke oder als Naturbaustoff im Bergbau gewonnen. Es ist interessant, dass der technisch gewonnene REA-Gips als Abfallprodukt der Stromerzeugung aus Kohle eine wesentlich bessere Ökobilanz besitzt als das Naturprodukt!

Die schwierige Wiederverwertung von Gipsplatten ist der wunde Punkt dieses Baustoffs. Derzeit landen die meisten Gipsplatten in der Mülldeponie. Problematisch bei der Wiederverwertung von Gipsplatten sind die Verunreinigungen und das Problem des sortenreinen Ausbaus. Die Verwendung von Lehmfarbe statt Dispersionsfarbe und die Kombination mit Holz anstelle von Metallprofilen trägt zur Verbesserung dieser Situation bei. Gips kann relativ viel Wasser binden und trägt dazu bei, die Raumluft trocken zu halten. Bei ausschließlicher Verwendung von Gipsplatten im Innenausbau von Häusern ist während der Heizperiode eine unbehaglich niedrige Luftfeuchtigkeit als ungewollter Nebeneffekt zu befürchten. Durch die ausgewogene Verwendung von unbehandeltem Holz (Decke), Lehmputz (Außenwände) und Lehmfarbe an den Innenwänden ist in diesem Haus jedoch keine nachteilige Auswirkung der Gipsfaserplatten für das Wohnklima zu erwarten.

An dieser Stelle seien auch einige Worte über die **Innenwandfarbe aus Lehm** erlaubt: Lehm kommt in der Natur in ganz unterschiedlichen Färbungen von Weiß über Rot bis Grün vor. Bei den verwendeten Lehmfarben wurde darauf geachtet, dass keine chemischen Pigmente, Aufheller oder sonstige künstliche Beimengungen wie z. B. Konservierungsstoffe enthalten sind. Leuchtende Farben oder Glanzeffekte lassen sich damit nicht erzielen. Dafür sind diese Farben extrem atmungsaktiv und sorptionsfähig, die Raumluft kann sich an ihnen nicht elektrostatisch aufladen, und die natürlich wirkenden Wandoberflächen haben großen Anteil am Wohlbefinden der Bewohner. Der gesamte Wandaufbau erfüllt die grundlegenden Konstruktionsprinzipien auf hervorragende Weise. Das Reinheitsgebot wurde bei allen Baustoffen erfüllt.

Problematisch erwies sich die Auswahl der **Innentüren**: Diese Bauteile sind infolge ihrer Machart und der bestimmenden ästhetischen Wirkung auf die Räume beinahe schon der Möblierung zuzuordnen. Traditionell wurden Türblätter und Zargen aus Brettern gefertigt. Massive Bretter wurden meist zu einem Rahmen zusammengefügt, der in 2 oder 3 Felder unterteilt war. Die Füllung dieser Felder bestand dann wiederum aus einzelnen Brettern. Diese handwerkliche Bauart erforderte recht viel Arbeitszeit und Geschick. Aus

Mangel an technischen Alternativen wurden so oft stilvolle Türen gebaut, die Jahrhunderte überdauerten und ein Vorbild in Sachen Nachhaltigkeit waren.

In modernen Häusern genügen solche Türen, die nach wie vor z. B. als "Landhaustüren" erhältlich sind, kaum noch den gestalterischen Ansprüchen der Bauherren. Meist sind glatte Oberflächen gewünscht, die es in sich haben: Denn ein verformungsfreies, massives Holztürblatt über rund 2 x 1 m Größe lässt sich auch nicht aus dem besten Holz fertigen. Dazu besitzt natürliches Holz viel zu viel Eigendynamik. Zur Lösung dieser Aufgabe bleibt nur der Griff in die Palette der Plattenbaustoffe, also zumeist einem Gemenge aus Furnierholzschichten und Holzfaserplatten mit den verschiedensten Oberflächenbeschichtungen übrig. Dass bei diesen Materialien eine große Menge von Kunstharzen und anderen Chemikalien mit eingekauft werden muss, lässt sich unschwer erahnen. Analoges gilt im Übrigen auch für die Möbelauswahl: Wer in seinem Haus auf eine rustikale Bretteroptik verzichten möchte und dennoch seine Ansprüche an Wohngesundheit und Nachhaltigkeit nicht aufgeben möchte, hat es schwer. Da bleibt nur sich beim Einkauf zu versichern, dass die verwendeten Lacke und Kleber möglichst wenig Schadstoffe ausgasen, und solide verarbeitete Produkte zu kaufen, die möglichst lange Bestand haben. Verschiedene Labels und Verbraucherschutzorganisationen geben hier weiterführende Hinweise. Erfreulich ist, dass immer mehr Hersteller ihre Produkte eingehend untersuchen lassen und einige sogar Zulassungen für wohngesundes Bauen besitzen. Die Innentüren für das vorgestellte Haus sollten elegante, glatte Oberflächen haben und wurden unter diesen Gesichtspunkten ausgewählt. Sie unterscheiden sich in puncto Ökobilanz nicht nennenswert von anderen Industrietüren.

2.2.6 Ökobilanz-Vergleich der verschiedenen Innenwandkonstruktionen

Auch die Innenwandkonstruktion wurde im Rahmen des Ökobilanz-Verfahrens mit zwei alternativen Konstruktionsarten verglichen: Die "Billg-Variante" besteht aus Ziegeln mit beidseitigem Gipsputz und Dispersionsfarbanstrich, das "Öko-Ziegelhaus" benutzt den selben Aufbau, jedoch sind die Ziegel hier im Dünnbett-Verfahren geklebt und die Wandoberfläche ist mit Lehmfarbe gestrichen. Der Vergleich mit einer Metallständerwand fand im Rahmen dieser Untersuchung nicht statt, da Trockenbauwände in Wohnhäusern aus Ziegelbauweise eher unüblich sind.

Die Holzständerwand schneidet auch diesmal wieder als beste Konstruktion ab. Beim Vergleich des Primärenergieaufwands ergibt sich erwartungsgemäß ein gut abgestuftes Bild: Für die Innenwände verschlingt das Öko-Ziegelhaus um rund 13.000 MJ, das Billig-Haus um rund 21.500 MJ mehr Primärenergie als das Massivholzhaus. Die mögliche Energieeinsparung von 21.500 MJ entspricht mit rund 6.000 kWh etwa zwei Drittel eines Jahresheizwärmebedarfs für das gesamte Haus. Erstaunlich ist, dass auch der augenscheinlich minimale Unterschied in der Wandfarbe bzw. in dem gewählten Mörtel, Auswirkungen auf den Vergleich der beiden Ziegelwände hat. 8.500 MJ mehr Energieverbrauch sind ein deutlicher Hinweis, dass auch unscheinbare Veränderungen Sinn machen.

Auch der Vergleich des Klimaerwärmungspotenzials geht mehr als deutlich zugunsten der gewählten Konstruktion aus. Die hier eingesparten 5.300 kg CO_2-Äquivalent entsprechen schon gut der Hälfte der Menge an Treibhausgasen, die ein Bundesbürger durchschnittlich innerhalb eines Jahres verursacht.

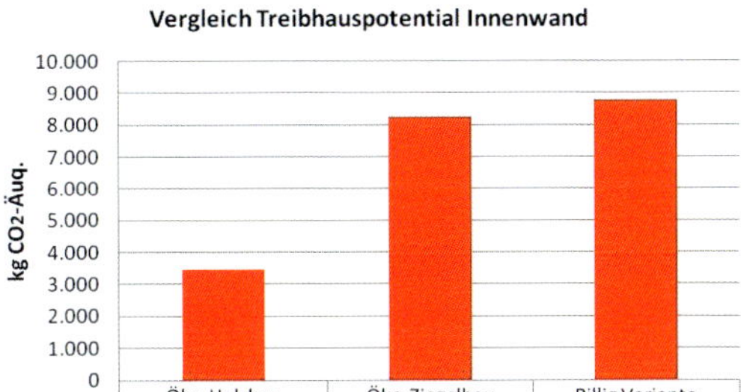

	Öko-Holzbau	Öko-Ziegelbau	Billig Variante
GWP	3.453	8.224	8.778

Abbildung 2.8: Treibhauspotenzial der Innenwandkomponenten im Vergleich. [KLI]

Und wenn man dann auch noch den gestiegenen Wohnkomfort und das Wissen um die naturbelasseneren Baustoffe berücksichtigt, ergibt sich eine recht gute Entscheidungsgrundlage. Vielleicht entscheidet sich der eine oder andere Bauherr in Zukunft ja sogar dafür, Holzständerwände als Ersatz für nichttragendes Mauerwerk als Innenwände auch in Ziegelbauten zu verwenden.

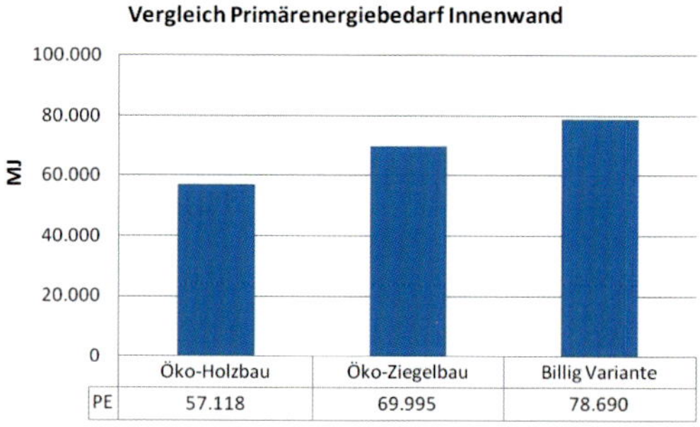

Abbildung 2.9: Primärenergiebedarf der Innenwandkomponenten im Vergleich. [KLI]

2.2.7 Geschoßdecke und Fußbodenaufbau OG

Die Geschoßdecke des geplanten Hauses wurde als **Sichtholzbalkendecke** geplant und realisiert. Diese Konstruktionsart geht auf eine der ältesten Holzbautechniken zurück. Holzbalkendecken werden seit Jahrtausenden ausgeführt. Sie ermöglicht einen höchst effizienten Einsatz des Rohstoffes Holz. Leider ist auch hier festzustellen, dass die massiven Balken zunehmend durch Leimhölzer ersetzt werden. Sogenannte Brettschichthölzer, Duo- oder Triobalken besitzen zwar einen verhältnismäßig geringen Leimanteil von etwa 1 %, aber bei 4 m^3K Konstruktionsholz bedeutet das, dass immerhin 40 Liter Polyurethan-Leim verbaut sind. Dieser zumeist isocyanathaltige Leim, macht das Naturprodukt Holz zu Sondermüll, wird mit hohem Energieeinsatz und enormem Gefährdungspotenzial für die Umwelt hergestellt und birgt noch dazu die Gefahr von allergieauslösenden Ausgasungen. Solch ein Baustoff kann natürlich unter dem Gesichtspunkt des "Reinheitsgebotes" und des Recyclinggedankens nicht bestehen. Argumente für derart chemisch verändertes Holz sind zum Beispiel Rissfreiheit und höhere Tragkraft. Beide Argumente sind mit ausgesuchtem und schonend getrocknetem Mondphasenholz, sowie durch entsprechende Planung spielend zu entkräften. Lassen Sie sich als Bauherr von Versprechungen wie "schadstoffarm" oder "formaldehydfrei" nicht täuschen. Urteilen Sie nach dem Reinheitsgebot und holen Sie sich keine Chemie ins Haus - zumindest nicht in solch unnötigen Anwendungsfällen wie Decken- oder Dachbalken.

Von Geschoßdecken wird erwartet, dass der Trittschall bestmöglich abgeschirmt wird. Dieses Argument wird oft für den Einsatz von Stahlbetondecken verwendet. Auf den ökologischen Holzbau übertragen lässt sich antworten, dass massive Holzdecken annähernd dieselben schalldämmenden Eigenschaften aufweisen können, der Atmosphäre zusätzlich eine große Menge Treibhausgas CO_2 entziehen und eine positive Primärenergiebilanz aufweisen. Dass wir vor der Verwendung von solch großen Mengen Holz nicht zurückschrecken brauchen, solange der unbehandelte, natürliche Rohstoff eingesetzt wird, wurde bereits im Kapitel "Gibt es überhaupt genug Holz?" erläutert. Dass die Vermeidung von zementgebundenen Baustoffen die Ökobilanz von Gebäuden enorm verbessert, wird im folgenden Kapitel deutlich.

Darüber hinaus ist Schallschutz niemals eine Anforderung an einen einzelnen Baustoff, sondern vielmehr eine Herausforderung an die Stoffauswahl, den Schichtaufbau und nicht zuletzt an die Ausführungsqualität des Bauwerks. Es gibt leider viel zu viele Häuser, bei denen trotz des Einsatzes von Stahlbetondecken und Zementestrich sogenannte ausführungsbedingte Schallbrücken die theoretischen Möglichkeiten der Konstruktion im Keim ersticken.

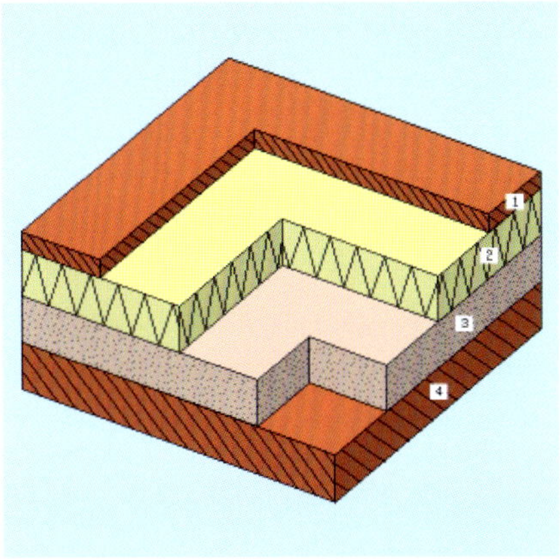

Abbildung 2.10: Schematischer Deckenaufbau

Um das zum Trittschallschutz notwendige Gewicht auf der Decke aufzubringen, wurde eine Schüttung aus **Granit-Split** eingebracht. Es ist zwar etwas mühsam, den Split eimerweise in das Obergeschoss zu tragen, doch entgegen der ebenfalls gebräuchlichen Lage aus Lehmsteinen oder Betonplatten hat der Split den Vorteil, dass er sich auch in enge Winkel und rings um Installationsleitungen fugenlos und setzungssicher einbringen lässt. Das Auffüllen von Restflächen mit leichter Fußbodenschüttung entfällt. Die Vorteile dieser Konstruktion lassen sich leicht erkennen: Die Fehlertoleranz ist gegeben, weil sich Ausführungsfehler sofort bemerkbar machen. Auch eventuelle Wasserschäden in Rohrleitungen führen nicht erst zur langsamen Durchfeuchtung von Dämmschichten - im Sinne der Nachhaltigkeit ist es von Vorteil, wenn Tropfwasser unmittelbar unter der Leckage an der Deckenunterseite austritt. Natürlich ist es ärgerlich, wenn überhaupt Wasser aus einem Installationsrohr austritt, doch in einem nachhaltig gebauten Haus hält sich der Reparaturaufwand in Grenzen und es entsteht kein Schaden durch "schleichende" Durchnässung.

Der weitere Deckenaufbau besteht aus Holzfaserplatten als Entkoppelung und somit als Baustein des Trittschallschutzes, wiederum aus einem Lattenrost und darauf verschraubten Massivholz-Bodendielen. Alle Bauteile lassen sich einzeln ausbauen und bei Bedarf wieder sortenrein getrennt wiederverwerten. In Sachen Holzdielen sei auf das Kapitel "Gründung und Bodenaufbau" verwiesen.

Doch selbst in so natürlich anmutenden Produkten wie Holzweichfaserplatten lauert Gefahr für die Wohngesundheit und Nachhaltigkeit. Vor etlichen Jahren wurden Holzweichfaserplatten im sogenannten Nassverfahren hergestellt. Dabei wurde das holzeigene Lignin als Klebstoff zwischen den Holzfasern verwendet. Mit dieser Methode lassen sich allerdings nur Platten mit 1 bis 3 cm Stärke wirtschaftlich herstellen. Größere Plattenstärken werden durch das Stapeln von einzelnen dünneren Platten erzielt. Die heute gebräuchlichen dicken Holzfaserplatten werden meist durch Zugabe von Kunstharzen, polyurethan- oder formaldehydhaltigen Klebstoffen aufgeschäumt und stabilisiert. Leider werden die Platten durch dieses Herstellverfahren zwar scheinbar billiger, doch dafür entsteht wiederum tonnenweise Sondermüll, mit dem sich unsere Kinder einmal herumschlagen dürfen. Achten Sie bei der Verwendung von Holzfaserplatten also unbedingt auf deren Herstellung im Nassverfahren.

2.2.8 Ökobilanz-Vergleich der verschiedenen Deckenkonstruktionen

Im Ziegelmassivbau wird in 99 % aller Fälle eine Stahlbetondecke verwendet. Darauf liegt meist eine Dämmstoffschicht aus mehr oder minder ökologischen Stoffen - in unserem Vergleichsfall wurde Polystyrol verwendet. Es folgt eine Trennschicht und dann ein Estrich, der aus einem Cocktail aus Zement- oder Anhydridbindemitteln, diversen Fließmitteln, Erstarrungsbeschleunigern oder -verzögerern, Luftporenbildnern usw. zusammengesetzt ist. Auf diesem liegt dann ein Fußboden aus Laminat, also einem hochveredelten Produkt aus ca. 80 % Holz- und Zellulosefasern und etwa 20 % Kunstharzen. All diese Stoffe benötigen eine enorme Menge an Primärenergie (PE) und verursachen bei ihrer Herstellung eine große Menge an klimaschädigenden Treibhausgasen. Zudem ist die Recyclingfrage bei den meisten Stoffen ungeklärt. Eine stoffliche Verwertung ist so gut wie ausgeschlossen. Im Fall eines Umbaus oder Abrisses bleibt meist nur der Transport in die Endlagerstätte. Betrachtet man die Diagramme zu PE und GWP, so zeigt sich der in jeder Hinsicht enorme Vorteil der gewählten Konstruktion. Die gewählte Deckenkonstruktion spart bis zu 58.500 MJ Primärenergie und 2.700 kg CO_2-Äqu. ein. Das bedeutet umgerechnet eine Einsparung von etwa 16.000 kWh, bzw. gut eineinhalb Jahre Heizenergie.

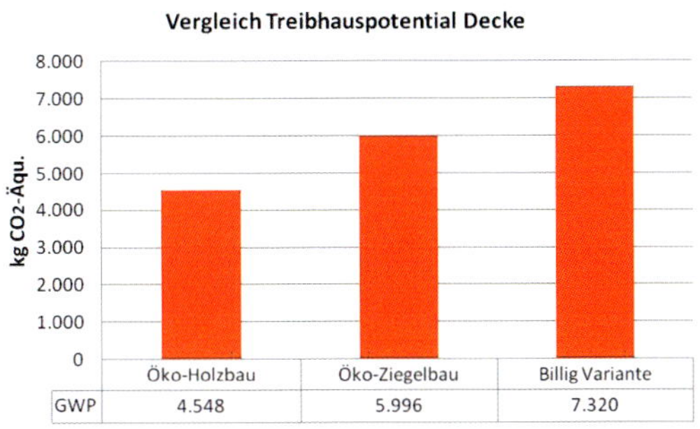

Abbildung 2.11: Treibhauspotenzial der Deckenkomponenten im Vergleich. [KLI]

Zieht man auch noch die im Baustoff Holz eingespeicherten Mengen an CO_2 zur Betrachtung heran, ergibt sich ein enormer Vorteil von knapp 13.000 kg CO_2 in der Geschossdecke. Bei einem statistischen Durchschnittsverbrauch von 9.000 kg CO_2 je Bundesbürger und Jahr bedeutet das knapp eineinhalb Jahre CO_2-neutrales Leben!

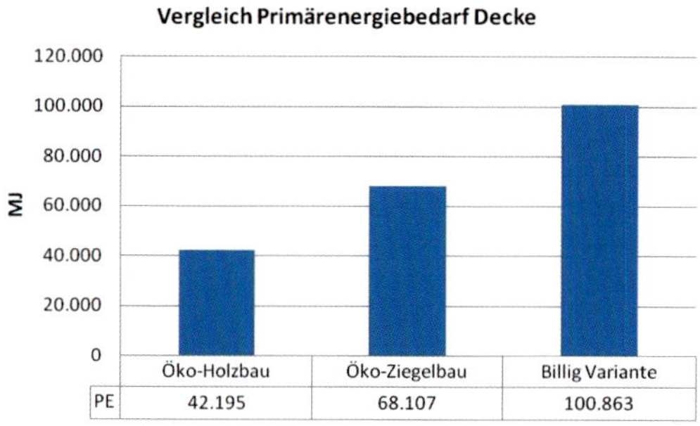

Abbildung 2.12: Primärenergiebedarf der Deckenkomponenten im Vergleich. [KLI]

2.2.9 Das Dach

Für die Konstruktion eines Satteldaches gibt es auf den ersten Blick nur wenig Alternativen. Egal ob Massivholzbau, Ziegelhaus oder Holzständerbau, das Dach besteht fast immer aus tragenden Sparren, in deren Zwischenraum Dämmstoff gelagert ist. Doch auch hier gilt es, die Grundregeln nachhaltigen Bauens zu überprüfen.

Ist die Konstruktion nach außen hin sehr dampfdurchlässig und wird ein sorptionsfähiger Dämmstoff verwendet? Kann Tau- oder Regenwasser nach einem Schadensfall in kurzer Zeit wieder problemlos nach außen abgeleitet werden? Ist das Unterdach bei einem Sturmschaden sicher begehbar oder besteht Gefahr, in die Konstruktion einzubrechen? "Verzeiht" die Konstruktion also kleinere Ausführungsfehler in der innen liegenden Dampfbremseebene? Ist der saubere Anschluss dieser Dampfbremse konstruktiv überall möglich oder sind "unmögliche" Anschlüsse mit vorprogrammierten Ausführungsschwachstellen geplant? Indem man mögliche Unfälle in Betracht zieht, erhält man fehlertolerante, also langlebige Bauteile.

Werden Verbundstoffe, also z. B. verleimte Hölzer, Holzwerkstoffplatten oder folienkaschierte Dämmstoffmatten, verwendet? Wurden chemische Holzschutzmittel eingesetzt? Sind Dachdurchdringungen handwerklich sauber gelöst oder wird auf der Baustelle, "wenn's eng wird", zum Montageschaum gegriffen? Mit solchen Überlegungen können Sie Ihr Reinheitsgebot fürs Haus wahren und den Recyclinggedanken im Auge behalten.

All diese Fragen können die Sparfüchse unter den Hausbauern leicht ins Schwitzen bringen. Denn auch hier gilt: Solide Konstruktionen lassen sich nicht billig herstellen, dafür halten sie “ein Leben lang” und erfreuen den Bauherrn durch niedrige Unterhaltskosten und durch einen hohen Werterhalt.

An dieser Stelle sei nochmals ein kurzer Exkurs Richtung Holzschutz gestattet: Konstruktionshölzer im Dach müssen nach den Fachregeln nicht gegen Pilzbefall geschützt sein, solange der konstruktive Holzschutz gewahrt ist. In vielen Baustellen ist die Verdunstungsfeuchtigkeit aus Beton, Mörtel, Estrich und Putz allerdings so hoch, dass sich an dem ungedämmten Dachstuhl zwangsläufig Tauwasser bildet. Dadurch siedeln sich in kürzester Zeit Schimmelpilzkolonien auf dem Holz an. Vielerorts werden die Dachhölzer daher präventiv gegen Schimmelbefall chemisch geschützt. Häufiges Lüften während der Bauphase und der Einsatz von Ventilatoren macht diese chemische Keule überflüssig. Doch dieser wichtige Dienst am Haus unterbleibt zumeist, weil sich niemand dafür zuständig fühlt. Richtiges Lüften geschieht mindestens zwei- bis dreimal täglich, auch an Wochenenden und Feiertagen! Diese Aufgabe ist nicht an einzelne Handwerker oder den Bauleiter zu delegieren - hier kann der Bauherr seinem Haus viel Gutes tun.

Die Dachhaut unseres Hauses besteht aus keramischen Dachziegeln aus Ton, einer Hinterlüftungsebene, die ihren Namen wirklich verdient. Tondachziegel weisen gegenüber ihrer Konkurrenz aus Beton einen leicht erhöhten Verbrauch an Primärenergie und CO_2 auf. Die zu erwartende höhere Lebensdauer macht diesen Nachteil jedoch wieder wett. Der Luftzug unter den Ziegeln sollte zumindest bei flachen Dächern durch ein Stellbrett am First, das die Lee- und Luvseite voneinander trennt, unterstützt werden. In gut durchlüfteten Dächern werden sich niemals Wespen einnisten. Fluginsekten scheuen den Luftzug. Im konkreten Fall wurde an der Traufkante kein Lochblech eingebaut. Lochbleche, die im Verlauf vieler Jahre durch unvermeidliche Ansammlung von Laub, Samen und Staub ihre Luftdurchlässigkeit verlieren, bedrohen die Langlebigkeit des Daches eher, als sie zu unterstützen. Durch einen exakt bemessenen Luftschlitz in der Vordachschalung wurde bei unserem Haus den Vögeln der Einflug verwehrt. Gegen Fluginsekten wirkt der sichere Luftzug besser als jedes Lochblech.

Das Unterdach besteht aus einer diffusionsoffenen Unterdachbahn (vgl.

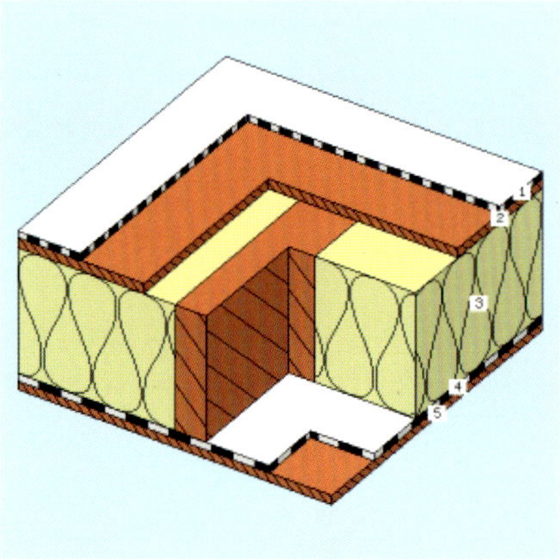

Abbildung 2.13: Schematischer Dachaufbau

4.5), die mit Nageldichtbändern unter den Konterlatten auf einer äußerst stabilen Rauschalung aus Holzbrettern aufgebracht ist und die Dämmschicht sicher gegen das Eindringen von Feuchtigkeit schützt. Eine Dämmschicht aus 26 cm Zellulose, die in die Zwischenräume von Dämmsparren fugenlos und setzungssicher eingebracht wurde, ist nicht nur gut für die Ökobilanz, sondern sorgt mit gutem Rücktrocknungsvermögen und durch ihre relativ hohe Masse für den sicheren Schutz der Konstruktion und ein angenehmes Raumklima. Ein zweiter, von innen sichtbarer Dachstuhl mit Sichtschalung und einer Dampfbremse aus faserverstärktem Kraftpapier rundet die Konstruktion ab und ist auch optisch ein Leckerbissen für das Haus.

2.2.10 Ökobilanz-Vergleich der verschiedenen Dachkonstruktionen

Für die Untersuchung der Ökobilanz spielen konstruktive Details natürlich keine Rolle. Hier kann nur die Menge und die Art der verarbeiteten Materialien berücksichtigt werden.

Die untersuchten Dächer unterscheiden sich nur bei der Dämmstoffauswahl und demzufolge in der Dicke der Dämmschicht. Die aufgezeigten Bilanzunterschiede der gewählten Konstruktion sind also allein der Dämmstoffauswahl zuzuordnen. Das "Öko-Ziegelhaus" wurde mit Glaswolle ausgestattet, das "Billig-Ziegelhaus" mit PUR-Dämmplatten. Die Gesamt-CO_2-Bilanz weist hier wiederum ein Einsparpotenzial von gut 12.000 kg CO_2

auf, also knapp eineinhalb Jahre CO_2-neutrales Leben!

Der Vergleich in puncto Primärenergiebedarf und Treibhauspotenzial ergibt ebenfalls ein deutliches Bild: Die Differenz des Primärenergiebedarfs zwischen Zellulose und Polyurethan-Dämmstoff beläuft sich auf erstaunliche 57.000 MJ, also rund 16.000 kWh oder erneut gut eineinhalb Jahre des prognostizierten Heizenergiebedarfs für das gesamte Haus!

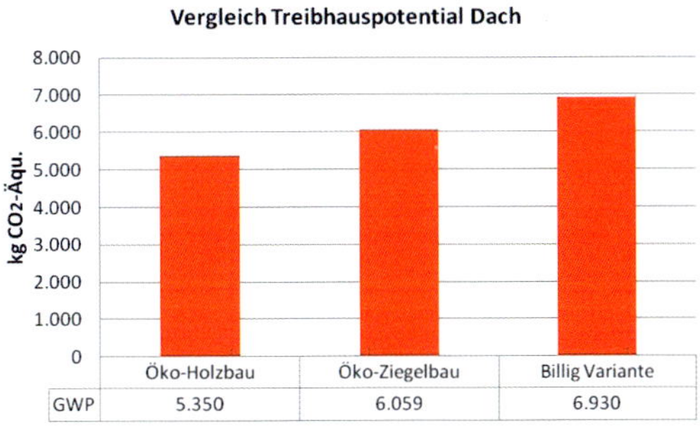

Abbildung 2.14: Treibhauspotenzial der Dachkomponenten im Vergleich. [KLI]

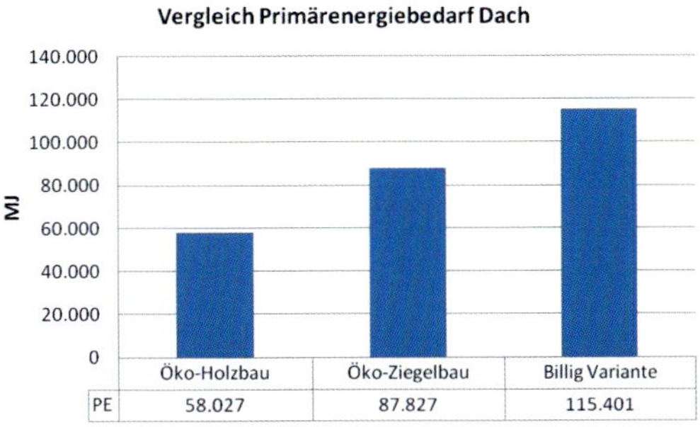

Abbildung 2.15: Primärenergiebedarf der Dachkomponenten im Vergleich. [KLI]

2.3 Ökobilanzierung des Gesamtprojekts (M. Guggenberger)

Anhand der Betrachtung der einzelnen Bauteile wird schon klar, dass sich die vorangestellte Planungsvermutung über das Hauskonzept voll bestätigt hat. Die Berechnung der Ökobilanz gibt dem Planer und dem Bauherrn nun die wissenschaftliche Argumentationssicherheit. Wir müssen nun nicht länger an die Wirksamkeit der Maßnahmen glauben, **wir wissen jetzt**, um wie viel besser das Massivholzhaus für unsere Umwelt ist. Interessant ist jetzt noch die Addition der Einzelergebnisse.

Ganze 250.000 MJ Primärenergie (vgl. Abbildung 2.16) lassen sich also beim Bau eines Einfamilienhauses einsparen! Das ergibt umgerechnet rund 70.000 kWh, also in Heizölmenge 7.000 Liter oder in Brennholz etwa 35 Ster. Für den Heizenergiebedarf des Massivholzhauses wären das ganze 8 Jahre Brennstoffvorrat! Interessant ist auch, dass die errechneten 350.000 MJ Primärenergiebedarf für die Herstellung des nachhaltigen Massivholzhauses in etwa 11 Jahren für die Heizenergie nochmals aufgewendet werden müssen.

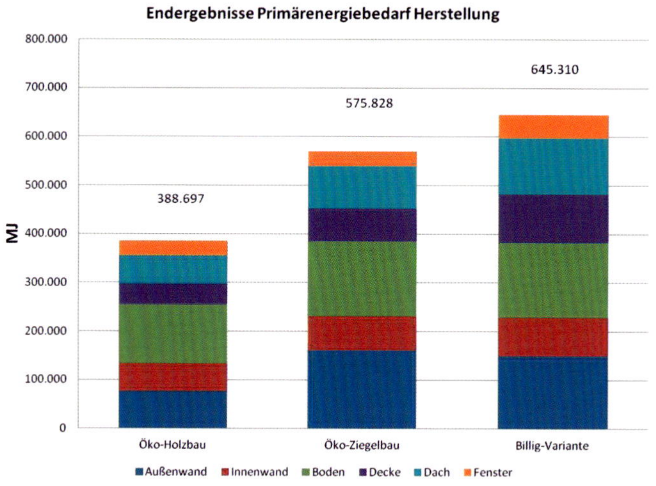

Abbildung 2.16: Primärenergiebedarf der Häuservarianten im Vergleich. [KLI]

Doch der Primärenergiebedarf ist nur die eine Seite der Ökobilanz. Wie sieht es in Summe mit dem Klimaschutz durch die getroffenen Maßnahmen aus? Hat sich die Erwartung bestätigt? Um dem wissenschaftlichen Charakter der Ökobilanzierung gerecht zu werden, müssen wir hier auf zwei kontroverse Betrachtungsweisen eingehen: Darf bei der Bilanzierung des Treibhauspotenzials das im Holz eingespeicherte CO_2 berücksichtigt werden ("mit Speicherung") oder berücksichtigt man, dass das Holz letztlich doch irgendwann einmal verrottet und so sein gespeichertes CO_2 wieder freigibt ("ohne Speicherung") (vgl. Abbildung 2.17)?

Wenn man eine kurze Einsatzzeit des Rohstoffs Holz, z. B. als Brennstoff, zur Papiererzeugung oder für kurzlebige Konsumgüter, verfolgt, dann mag die Betrachtung ohne Speicherung durchaus Sinn machen. Wenn man jedoch beabsichtigt, Häuser aus Holz zu bauen, die Jahrhunderte bestehen können und deren Baustoff danach sortenrein getrennt und wiederverwertet werden kann, dann erübrigt sich die Diskussion. Für das untersuchte Massivholzhaus darf getrost und ausschließlich die Betrachtung "mit Speicherung" angeführt werden.

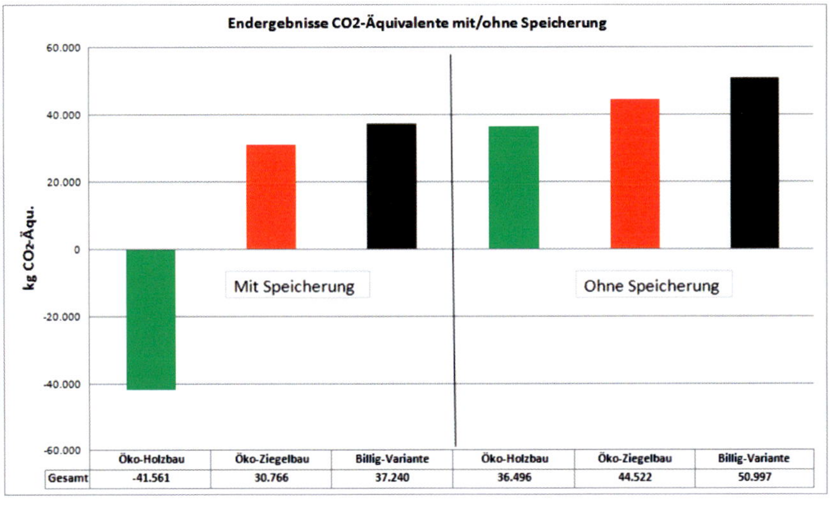

Abbildung 2.17: CO_2-Äquivalente der Häuservarianten im Vergleich. [KLI]

So wurde beim Bau des Massivholzhauses im Gegensatz zu einem konventionellen Haus Treibhauspotenzial im Umfang von rund 80 Tonnen CO_2-

Äqu. vermieden. Wenn man bedenkt, dass ein Durchschnittsbürger durch sein ganz normales Leben, Arbeiten, Konsumieren und Wohnen etwa 9.000 kg CO_2-Äqu. innerhalb eines Jahres erzeugt, dann erkennt man die Tragweite dieser Zahl. Während der globale CO_2-Ausstoß entgegen den Absichten der Klimaschutzpolitik stetig ansteigt, statt zu sinken, wird durch die Entscheidung der Bauherren für diese nachhaltige Bauweise ein Zeichen in die richtige Richtung gesetzt. Zwar musste das Ergebnis zunächst durch höhere Baukosten erkauft werden, doch die erwarteten niedrigeren Instandhaltungskosten, besserer Werterhalt und nicht zuletzt die Vermeidung von Entsorgungskosten lassen auch in wirtschaftlicher Hinsicht eine Rechtfertigung erwarten.

Dass das allgemeine Interesse für die Vollholzbauweise und für die Verwendung außergewöhnlicher Baumaterialien groß ist, ließ sich auch auf der Baustelle ablesen. Dieser Bau erregte auch bei den Nachbarn und bei den Handwerkern der umliegenden Baustellen großes Interesse.

Und durch den reibungslosen Ablauf und das sinnvolle Zusammenspiel der einzelnen Komponenten waren auch die anfänglichen Skeptiker von der hohen Bauqualität zu überzeugen.

2.4 Die Haustechnik - ganz schön unkonventionell (M. Guggenberger)

2.4.1 Die Heizung - warm ist nicht genug

Eine Heizperiode dauert in unseren Breiten von Anfang Oktober bis Ende April. In diesen sieben Monaten verteilen sich laut langjährigem Mittel rund 180 bis 200 Tage, an denen einem Haus mehr oder weniger Wärme zugeführt werden muss. Zwar muss umso seltener geheizt werden, je besser die Wärmedämmung des Hauses ausfällt oder je niedriger die Raumtemperatur gewählt wird. Aber wir brauchen in unseren Breiten Wärme im Haus - an dieser Wahrheit führt kein noch so schlauer Weg vorbei.

Wer nun denkt, ein Passivhaus käme ohne Wärme aus, den muss ich leider enttäuschen: Bei einem Passivhaus wird lediglich der Wärmeverlust so weit reduziert, dass die innere Abwärme von "Mensch und Maschine" sowie die passiv eingefangene Sonnenenergie theoretisch zum Temperieren der Wohnräume ausreichen sollte. Als Ersatz für die klassische Heizung steht im Passivhaus ein aufwendiges Luft- und Energiemanagement. Luft wird hier zum Wärmeträger und Heizmedium. Abwärme von Elektrogeräten und Menschen sowie die Sonneneinstrahlung werden zum Heizwärmelieferanten. Aber auch in einem höchstgedämmten Haus wird es nach wenigen Tagen ohne Wärmezufuhr unangenehm kalt.

Zum angenehmen, unserer Gesundheit zuträglichen Wohnen gehören also nicht nur einwandfreie Baustoffe, sondern es muss ausreichend behagliche Wärme zur Verfügung gestellt werden. Da in den Wintermonaten die natürliche Fensterlüftung naturgemäß geringer ausfällt als im Sommer, wird das Thema Raumlufthygiene in der kalten Jahreszeit besonders interessant. Und zu Recht wird jeder Bauherr die Frage stellen, wie und womit sein zukünftiges Haus beheizt wird.

Als Antwort auf diese Frage gibt es keine einfache Pauschalformel. Die Beheizung und die Baukonstruktion sowie die Gebäudeform und -ausrichtung müssen in modernen Häusern eng aufeinander abgestimmt sein. Im Folgenden werden die Gründe erläutert, die zu der individuellen Planungsentscheidung für dieses Haus geführt haben. Eine Diskussion verschiedener möglicher Haustechnik-Varianten, auch hinsichtlich des Primärenergieeinsatzes und des Treibhauspotenzials muss aufgrund der Komplexität des Themas unterbleiben. Es eröffnen sich an dieser Stelle jedoch interessante Blickwinkel für eine spätere Vertiefung des Themas.

Der beste Weg, um Laien in die Lage zu versetzen, selbst über ihr Wärmekonzept zu entscheiden, besteht wohl darin, zunächst die Bausteine Wärme**erzeugung**und Wärme**verteilung** auseinanderzuhalten. Denn ein wesentlicher Grund für die allgegenwärtige Verwirrung scheint die pauschale Bezeichnung "Heizung" für die vielen beteiligten Komponenten zu sein.

2.4.2 Die Wärmeerzeugung - Stückholzofen und Solarthermie

Nachdem die grundsätzliche Entscheidung, ein "KfW-70"-Haus zu bauen, schon früher gefallen war, ließ sich der ungefähre Heizenergiebedarf anhand der Gebäudegeometrie überschläglich ermitteln. Es ließen sich also recht zutreffende Aussagen darüber machen, welchen Durchsatz an Öl, Gas, Pellets, Strom oder Stückholz pro Heizperiode das Haus haben würde. Das ist besonders wichtig, wenn man das Haus mit der direktesten aller Wärmequellen, nämlich mit Scheitholz per Hand beheizen möchte.

Scheitholz als Brennstoff ist ein Abfallprodukt der Forstbewirtschaftung. Es ist in unseren Breiten regional gut verfügbar und muss zur Verwendung nicht aufwendig technisch aufbereitet oder weit transportiert werden. Das schlägt sich natürlich in den spezifischen Brennstoffkosten von Stückholz nieder. Diese liegen z. B. im Frühjahr 2012 bei etwa 0,035 € je kWh. Zum Vergleich liegt der von Pellets bei etwa 0,055 € je kWh, von Heizöl bei rund 0,09 € je kWh und von Flüssiggas bei etwa 0,11 € je kWh. Es ist nicht zu erwarten, dass die Preisentwicklung von Scheitholz von der allgemeinen Preissteigerung abweicht. Wärmeenergie aus Scheitholz ist preisgünstig. Mit Scheitholz zu heizen ist also eine hervorragende Art, die Betriebskosten seines Hauses zu minimieren. Gleichzeitig passt es ideal zu der angestrebten Regionalität und Einfachheit des Hauses.

Wenn trockenes Scheitholz in einem modernen Ofen verfeuert wird, dann entstehen durch die kontinuierliche Verbrennung bei gleichbleibend hohen Temperaturen nicht mehr umweltschädigende Emissionen als bei anderen Heizarten. Die CO_2-Belastung der Umwelt ist nicht größer als wenn das Holz im Wald verrotten würde.

Doch die Holzscheite wandern nicht von selbst in den Ofen. Durchschnittlich ein- bis zweimal täglich muss der Ofen befeuert werden, damit die nötige Wärme entsteht. Diese manuelle Art der Beheizung eignet sich also nicht, wenn die Bauherren berufsbedingt oft tagelang außer Haus sind. Falls die Bauherren jedoch die Heizverantwortung nicht als lästige Pflicht, sondern als Erlebnis wahrnehmen, wird das Heizen bald zum lebendigen Ritual. Die Wärmequelle steht mitten im Wohnraum und trägt durch seine sichtbare Flamme wesentlich zur Behaglichkeit des Hauses bei. Der Ofen wird zum "warmen Herz" des Hauses.

Wenn Sie als Bauherr ohnehin einen Kachelofen in Ihrem Haus einbauen möchten, dann lassen Sie sich nicht von den Ängsten derer leiten, die noch die Erinnerung an die rußenden und ineffizienten Einzelöfen unserer Väter schüren. Ein moderner Stückholzofen funktioniert raumluftunabhängig und geruchsfrei, ist einfach zu bedienen und vermittelt das Gefühl größtmöglicher Unabhängigkeit von Energie-Oligopolen. Er leistet die Energieerzeugung für die Raumheizung und das benötigte Warmwasser, solange Sie bereit sind, ihn ein- bis zweimal pro Tag zu "füttern". Von März bis Oktober wird das Warmwasser per Solarthermie erzeugt, Einschüren im Sommer ist also überflüssig. Und wenn Sie im Winter verreisen möchten, dann übernimmt ein elektrisch betriebener Heizstab im Schichtenspeicher die Frostsicherung oder Grundtemperierung des Hauses.

2.4.3 Die Wärmeverteilung - Hüllflächentemperierung

Die Wärmeerzeugung per Holzkessel liefert innerhalb von 2 bis 3 Stunden Abbranddauer eine große Wärmemenge, die in einem Schichtenspeicher mit ausreichender Größe (hier 850 Liter) zwischengespeichert wird. In der Regel besitzt der Speicher ausreichende Kapazität, um die in einem Abbrand anfallende Wärmemenge zu speichern. Denn von diesem Speicher aus beginnt nun die Wärmeverteilung in die einzelnen Räume des Hauses und es steht die nächste große Entscheidung für die Bauherren an: Auf welche Weise sollen die Räume beheizt werden?

Beinahe jeder kennt die einzigartige Wärme, die von einem gut temperierten Grundofen abstrahlt. Seine Oberfläche ist angenehm warm, man spürt die Strahlungsenergie im gesamten Raum als sehr angenehm und erholsam. Selbst von den Wänden und Fenstern wird diese Strahlungswärme widergespiegelt. In einem so beheizten Raum hält man sich einfach gerne auf. Für dieses Haus haben wir den "Kachelofen" in jedes einzelne Zimmer eingebaut: Die Wärme aus dem Pufferspeicher wird über ein Netz aus kupfernen Heizleitungen bedarfsgerecht auf die Außenwandflächen der einzelnen Räume übertragen. Die massiven Holzaußenwände und der natürliche Lehmputz nehmen die Wärme aus dem Heizungsrohr auf und verteilen Wärmestrahlung nach Wunsch in jedem einzelnen Raum. Die Oberflächentemperatur der Außenwände liegt somit minimal über der eingestellten Raumlufttemperatur. So entsteht das angenehme Gefühl, von einem Kachelofen umgeben zu sein. Durch den erstaunlich großen Rohrabstand, bedingt durch die gute Wärmeverteilung durch Lehmputz und Holzwand, konnte die gesamte Gebäudehülle wirtschaftlich mit der Heizfläche bedeckt werden. So gibt es keine unangenehmen Kaltzonen, keine Raumverluste durch unbewusstes "Abrücken" von kalten Wänden im Winter. Und auch späteres Umstellen der Möbel in den Räumen ist problemlos gewährleistet, da es keine unbeheizten Außenwandflächen gibt.

Reine Strahlungswärme ohne Konvektionsanteil bedeutet, dass feinster Hausstaub auf dem Boden bleibt und nicht ständig in die Atemluft aufgewirbelt wird. Wenn die Raumluft nicht dauernd in Bewegung ist, kann sie sich auch nicht elektrostatisch aufladen. Die Strahlungswärme von den Wänden wird von unserer Haut aufgenommen wie Sonnenwärme. Und stehend bieten wir den Wänden auch genügend "Kollektorfläche" dar. Ganz im Gegenteil zu den sonst üblichen Fußbodenheizungen, die mit ihrer viel beschworenen Strahlungswärme meist nur unsere Sohlen erreichen. Übrigens wird durch die Verlegung der Heizung in die Wände der Fußboden frei für den Einsatz von trockenen Bodenaufbauten und die Verwendung von massiven Naturholz-Dielenfußböden.

2.4.4 Gebäudelüftung und Reinheitsgebot

Raumlufthygiene ist ein Aspekt der Gebäudeplanung, der immer mehr an Bedeutung gewinnt. Und das hängt ganz unmittelbar mit dem Zwang zum Energiesparen zusammen. Die Energieeinsparverordnung EnEV 2009 verlangt von Neubauten zunächst eine "dauerhaft luftundurchlässige" Bauweise, da im Vergleich zu den sonst geforderten Dämmwerten für die Gebäudehülle der Energieverlust durch unkontrollierte Lüftung weit über die Hälfte des gesamten Heizenergiebedarfs verloren ginge. Gleichzeitig ist ein gewisser Luftaustausch in unseren Häusern aus gesundheitlichen und hygienischen Gründen unerlässlich. Seitdem kein Wind mehr durch die Ritzen und Fugen unserer Häuser pfeift, "erkranken" die Häuser samt Bewohnern zwangsläufig an einem Cocktail aus CO_2, Keimen, Sporen und Wohnraumgiften (VOCs), die langsam aus Baustoffen, Möbeln, Teppichen und den verschiedensten Kunststoffprodukten entweichen.

Folgerichtig fordert die EnEV gleichzeitig, dass in denselben Gebäuden "der zum Zwecke der Gesundheit und Beheizung erforderliche Mindestluftwechsel sichergestellt ist". Es geht also beim Thema Lüftung ganz direkt um Gesundheit, da mit der eingesperrten Luftwärme auch die unerwünschten und ungesunden Bestandteile unserer Atemluft in den Häusern eingesperrt werden.

Wie geht ein nachhaltig denkender Bauherr also dieses Thema an? Natürlich zunächst ganz pragmatisch, indem er Wohngifte gar nicht erst in sein Haus holt! Und wie das geht, ist in den vorangegangenen Kapiteln ausführlich zu lesen. Bleibt nur noch das Problem, dass sich CO_2 und biologische Luftbewohner ganz von allein in stehender, ausreichend warmer und feuchter Luft vermehren. Also muss trotzdem gelüftet werden. Das geht entweder durch das regelmäßige Öffnen der Fenster oder, wie in diesem Fall, durch eine dezentrale Lüftungsanlage.

2.4.5 Die Lüftungsanlage - bitte dezentral, wegen der Hygiene

Jeder Mensch kann sich bewusst aussuchen, welche Nahrung er zu sich nimmt oder welches Wasser er trinkt. Doch zum Atmen können wir nicht vor die Tür gehen. Wir sind gezwungen, die Luft zu atmen, die uns im Haus angeboten wird. Insbesondere die Reinigung und die Hygiene von Lüftungsanlagen sind von entscheidender Bedeutung, da unhygienische Atemluft die Gesundheit der Bewohner unmittelbar gefährdet.

Lüftungsanlagen mit ihrem gesamten Rohrsystem sollten mindestens einmal jährlich gründlich gereinigt und desinfiziert werden. Für Lüftungsanlagen in öffentlichen Gebäuden und Büros gelten sehr strenge Anforderungen an die Reinigungsfähigkeit und an die Aufrechterhaltung der Hygiene. Ich habe im Verlauf meiner beruflichen Tätigkeit keine einzige zentrale Wohnraumlüftungsanlage kennengelernt, die diesen Anforderungen entsprochen hätte oder die ausreichend oft gewartet und gereinigt wurde. Vielmehr kenne ich mehrere Haushalte, die die Lüftungsanlage nach einigen Jahren stillschweigend außer Betrieb genommen haben, "weil eh kaum noch Luft durchgeht".

Vermutlich wäre eine zentrale Lüftungsanlage, gebaut nach den Standards für öffentliche Gebäude, für ein Einfamilienhaus schlicht unerschwinglich. Die Herstellkosten und die laufenden Unterhaltskosten für Filter, Reinigung und Strom würden jedes theoretische Einsparpotenzial zunichtemachen. Keine Lüftungsanlage ist in aller Regel hygienischer als eine unzureichend gereinigte Anlage.

Der Einsatz einer technischen Lüftungsunterstützung ist zwar mit der beschriebenen Bauweise und bei bewusster Fensterlüftung verzichtbar, es macht jedoch aus den verschiedensten Gründen durchaus Sinn, das hygienisch notwendige Lüften technisch zu unterstützen. Im konkreten Fall wurde eine Lüftungsanlage aus elektronisch gekoppelten Einzellüftern gewählt, die durch das regelmäßige Wechseln der Laufrichtung die Raumluft kontinuierlich austauschen. Die Wärmetauschereinheit, die dafür sorgt, dass trotz des Luftwechsels ein Großteil der Wärmeenergie im Haus bleibt, sitzt dabei dezentral mitten in der Wandöffnung jedes einzelnen Lüfters. Das mag nicht so effizient sein wie ein zentraler Kreuzstrom-Plattenwärmetauscher, es hat jedoch einen entscheidenden Vorteil: Sämtliche luftführenden Bauteile sind gut zugänglich, bei Bedarf austauschbar und von Laienhand in kurzer Zeit zu reinigen.

2.4.6 Elektrischer Strom - bitte beachten Sie die Risiken und Nebenwirkungen

Der elektrische Strom als segensreiche Energiequelle lässt sich aus unserem Leben nicht mehr wegdenken. Innerhalb weniger Jahrzehnte haben wir unseren Alltag untrennbar mit dieser universell einsetzbaren und leicht zu beziehenden Energie durchwoben und unser gesamtes Leben durch die unbegrenzte und allgegenwärtige Verfügbarkeit von elektrischer Energie neu ausgerichtet. Die Vorteile und der Nutzen, den wir aus der engen Beziehung zum Strom haben, sind so beeindruckend, dass kaum jemand die Schattenseiten dieser Entwicklung bedenkt.

Nur verheerende Katastrophen wie die Super-GAUs von Tschernobyl und Fukushima haben die Kraft, uns daran zu erinnern, welche Gefahren mit der Erzeugung des Stroms verbunden sein können. So erkennen inzwischen nicht nur ein paar "Weltverbesserer" die Notwendigkeit, den Stromverbrauch drastisch zu reduzieren. Energiesparen ist "in" geworden. Energiesparende Beleuchtung und AAA-Elektrogeräte in Privathäusern sind heute nicht mehr das Hobby von wenigen, sie sind untrennbarer Bestandteil eines nachhaltigen Lebensstils geworden.

Eine andere Art der Bedrohung, die aus der oftmals hautengen Verbindung mit Strom entsteht, hat es leider noch nicht zu so viel öffentlicher

Beachtung gebracht: Die Rede ist von den gesundheitlichen Gefahren durch Elektrosmog. Wer mit Menschen gesprochen hat, die selbst "elektrosensibel" sind, und deren oftmals haarsträubende Leidensgeschichten kennt, geht sehr viel respektvoller mit den unsichtbaren Auswirkungen von elektrischem Strom um. Auch wenn Sie, lieber Leser, selbst keine Auswirkungen von Elektrosmog an sich wahrnehmen, wäre es doch bedauerlich, wenn Sie beim Neubau eines Hauses die einzigartige Gelegenheit verstreichen ließen, sich mit relativ einfachen Mitteln eine strahlungsarme Ruhezone zu schaffen. Eine Oase, in der sich Ihr Organismus von dem "Wellensalat" erholen kann, dem wir im Alltag unmöglich entfliehen können. Auch die Vermeidung von Elektrosmog ist ein wesentlicher Bestandteil der wohngesunden Planung und des nachhaltigen Baus von Gebäuden.

Der Begriff Elektrosmog ist eine Sammelbezeichnung für verschiedenartige, physikalisch zweifelsfrei messbare Phänomene, die sich alle auf unseren Organismus auswirken können. Weshalb das so ist, wird deutlich, wenn man bedenkt, dass jedes Wassermolekül eine positiv und eine negativ geladene Seite besitzt und sich somit nach elektrischen und magnetischen Feldern ausrichtet bzw. sich von deren Schwingung anregen lässt. Wer weiter weiß, dass unser Körper zu 70 % aus Wasser besteht und dass sämtliche biochemischen Vorgänge sozusagen "im Wasser" stattfinden, kann sich Wechselwirkungen mit den verschiedensten uns umgebenden und unseren Körper durchdringenden Feldern gut vorstellen. Kein Wissenschaftler wird leugnen, dass es Beeinflussungen unseres Organismus durch Elektrosmog gibt. Strittig ist lediglich die Frage, wie groß die Wechselwirkungen sind und ob sich die diagnostizierten gesundheitlichen Schäden nachweislich auf diese Wechselwirkungen zurückführen lassen. Die Vermeidung von Elektrosmog in den eigenen vier Wänden hat nichts mit Hokuspokus zu tun. Es ist die vorsorgliche oder bereits gesundheitlich notwendige Vermeidung von physikalisch zweifelsfrei nachweisbaren Auswirkungen technischer Geräte und Installationen.

Die einzelnen Bestandteile des Elektrosmog sind:

- Elektrische Wechselfelder (Niederfrequenz) als Folge von elektrischer Spannung, die bei Netzanschluss in Leitungen und Geräten anliegt, auch dann, wenn kein Strom fließt,

- Magnetische Wechselfelder (Niederfrequenz) als Folge von elektrischem

Stromfluss in eingeschalteten Verbrauchern, Leitungen, Transformatoren usw.,

- Elektromagnetische Wellen (Hochfrequenz) als Folge von Sendeanlagen für Mobilfunk, Fernsehen, Radar sowie einige Haushalts-, Spiel- oder Bürogeräte,
- Elektrische Gleichfelder (Elektrostatik) als Folge von Teilchenaufladung in und an Bildschirmen, synthetischen Fasern, Kunststoffoberflächen, Lacken, Furnieren usw.
- Magnetische Gleichfelder (Magnetostatik) als Folge von Gleichstrom von Straßenbahnen oder Photovoltaikanlagen sowie beeinflusst von magnetischen Metallen wie Stahl.

Einige der genannten Bestandteile lassen sich durch die hausinterne Installation nicht vermeiden, da sie von externen Strahlungsquellen wie z. B. Mobilfunkmasten, Richtfunkanlagen, Radarantennen, Bahnanlagen oder Hochspannungsleitungen verursacht werden. Wer sich durch seine Bauplatzwahl nicht vor solchen Strahlungsquellen schützen kann, der darf in einem Haus aus massivem Holz durchaus auf die hohe abschirmende Eigenschaft der Außenwände vertrauen.

Entscheidende wissenschaftliche Erkenntnisse dazu stammen aus der Forschungsarbeit von Prof. Dipl.-Ing. Peter Pauli und Dr.-Ing. Dietrich Moldan, die im Labor für Radartechnik an der Universität der Bundeswehr in Neubiberg durchgeführt wurden. Interessierten sei die Lektüre des Standardwerkes "Reduzierung hochfrequenter Strahlung - Baustoffe und Abschirmmaterialien" empfohlen. Pauschale Aussagen für den Bereich der Hochfrequenzstrahlung zu treffen, ist allerdings hochgradig unseriös. Wer sich sicher sein möchte, dass sein Bauplatz nicht dem Einfluss von unerwünschten technischen Strahlungsquellen ausgesetzt ist, dem sei eine vorsorgliche Messung durch einen ausgewiesenen Fachmann mit geeigneten Messgeräten empfohlen. Leider kann auch diese Messung die zukünftige Entwicklung nicht vorhersehen und Sie vor der späteren Errichtung von störenden Sendern schützen.

Vor der vorsorglichen Ausbildung eines so genannten "Faraday'schen Käfigs" rings um das Haus sei allerdings an dieser Stelle ebenfalls gewarnt, da das Leben unter Ausschluss sämtlicher Strahlungsfelder, also auch ohne die naturgegebene Strahlungsumgebung auf unseren Organismus unter

Umständen ebenso verstörend wirkt wie eine Überlastung mit technischer Strahlung.

2.4.7 Die abgeschirmte Elektroinstallation im Massivholzhaus

Richtlinien für die Ausführung von Elektroinstallationen, wie sie bereits 1992 im "Standard der baubiologischen Messtechnik" vom Institut für Baubiologie und Ökologie in Neubeuern aufgestellt wurden, tragen dazu bei, die "hausgemachten" Störungen durch Elektrosmog weitestgehend auszuschalten. Die Erfahrung eines sensiblen und erfahrenen Elektroinstallateurs hilft dabei, dass die Bewohner dieses Hauses die Vorzüge des elektrischen Stroms genießen können, ohne Angst vor seinen negativen Auswirkungen auf Körper und Gesundheit haben zu müssen. Für die Elektroinstallation geht es vordringlich um die Vermeidung von elektrischen und magnetischen Wechselfeldern.

Um gute Ergebnisse zu erzielen, ist es wichtig, den ausführenden Elektroinstallateur schon von Beginn an in die Planung einzubeziehen. Wer allein beachtet, dass die Schlaf- und Ruheplätze die sensibelsten Bereiche im Haus sind, kann bereits durch räumliche Distanz von Leitungstrassen und Unterverteilungen zu den Ruhezonen sowie durch die richtige Auswahl von elektrischen Geräten ganz ohne Mehrkosten schlimmste Fehler durch elektrische Felder vermeiden.

Eine Besonderheit der Installationen im Holzhaus besteht darin, dass sich der elektrisch nicht leitende Baustoff Holz in besonderer Weise an das elektrische Feld der Hausinstallation "ankoppeln" kann und unerwünschte elektrische Felder sich im Holzhaus mitunter anders verteilen als in anderen Häusern. Die Abschaltung einzelner Stromkreise oder Räume durch Netzfreischalter bringt meist nicht den gewünschten Erfolg, da sich bestimmte Verbraucher wie Gefriertruhen, Aquarien, Lüftungs- oder Heizungsanlagen eben nicht abschalten lassen. Diese befinden sich aber oft im Stockwerk unter Schlafplätzen und wirken dem Entspannungsbedürfnis der Bewohner störend entgegen. Wer denkt zum Beispiel daran, dass das Wohnzimmer zur besten Fernsehzeit seinen Elektrosmog auch durch die Geschoßdecke verteilt, während das Kind unmittelbar darüber im "netzfreien" Zimmer schläft und keine Ruhe findet.

Empfehlenswert ist also die konsequente Verwendung von abgeschirmten Kabeln sowie Unterputz- bzw. Hohlwanddosen. Damit werden durch die Elektroinstallation praktisch keine elektrischen Wechselfelder mehr erzeugt.

Diese Art der Elektroinstallation wurde auch im konkreten Fall umgesetzt.

Magnetische Wechselfelder hingegen lassen sich nur schwer abschirmen. Nachbesserungen in diesem Bereich sind meist mit hohen Kosten verbunden. Da diese Felder überwiegend von elektrischen Verbrauchern verursacht werden, die häufig oder ganztägig in Betrieb sind, ist die Beachtung eines ausreichenden Sicherheitsabstandes zu den Schlaf- und Ruhezonen die beste Vorkehrung. Fundierte baubiologische und messtechnische Kenntnisse des Elektroinstallateurs sind hier von entscheidendem Vorteil.

Im konkreten Fall wurde auf den Einsatz moderner Bus-Technik bewusst verzichtet. Stattdessen wurden statt der üblichen dreiadrigen Kabel an vielen Stellen fünfadrige Kabel verwendet. Die zusätzlichen Adern ermöglichen es ebenfalls, einzelne Verbraucher an Steckdosen gezielt ein- und auszuschalten. Eine zusätzliche Ader "in Reserve" ist außerdem eine wunderbare Möglichkeit, um in einem nachhaltig geplanten Haus auf einfache Weise Platz für Entwicklungen oder eine Reserve für Notfälle bereitzuhalten.

Aber auch für den erfahrensten Installateur sollte es selbstverständlich sein, die Wirksamkeit der Vorkehrungen am Ende der Elektroarbeiten durch die Kontrolle mit geeigneten Messgeräten zu bestätigen. Da sowohl durch den Einzug als auch im Laufe der Zeit durch den Einsatz der verschiedensten Elektrogeräte die Elektrosmogbelastung im Haus naturgemäß wieder steigen wird, ist es durchaus sinnvoll, wenn die Bauherren diese Messung einige Zeit nach Bezug noch einmal wiederholen lassen.

2.5 Die Haustechnik - Entscheidungen der Bauherren (M. & M. Schneider)

Ergänzend zu den Ausführungen des Experten, möchten wir nun noch einige Punkte aus Sicht der Bauherren anführen.

2.5.1 Eine Scheitholzheizung und dezentrale Lüftungsanlage

Die Heizung (zunächst die Wärmeerzeugung) ist wohl bei den meisten Bauherren ein vieldiskutiertes Thema. Auch uns wurde zunächst eine Grundwasser-Wärmepumpe empfohlen. Allerdings waren wir von der Investitionssumme von 21.000 € schockiert (vgl. Abbildung 2.18). Wir investieren so viel Geld in die Gebäudehülle und eine (in der Berechnung noch nicht berücksichtigte) Lüftungsanlage, sollte es da nötig sein, noch so viel Geld in eine Heizung zu investieren?

Des Weiteren gefiel uns der Nutzungsgrad nicht. Aufgrund der guten Isolierung wäre die Wärmepumpe nur einen Bruchteil der Zeit gelaufen, um den doch recht geringen Wärmebedarf zu erzeugen. Dies kam für uns nicht infrage.

Leider stellten sich auch die Holzvarianten Pellets oder Stückholz mit automatischer Brennstoffzufuhr oder die Luftwärmepumpe nicht viel günstiger dar, wie beigefügtes Original-Excelsheet (Abbildung 2.18) aus dem Juni 2010 zeigt.

BV Schneider, Landshut-Auloh, Prognose Heizkosten und Vergleich der Haustechnik-Varianten

Bausteine	**Baukosten**	Lebensdauer-Tendenz	**Variante Gastherme**	**Variante GW-Wärmepumpe**	**Variante Luft-Wärmepumpe**	**Variante Holzkessel**
Solare WW-Erzeugung	**5.000 €**	20 J.	5.000 €			5.000 €
Heizzentrale für Gastherme	**5.300 €**	30 J.	5.300 €			
Hausanschluss Gas	**2.000 €**		2.000 €			
Heizzentrale für Wasser-Wärmepumpe	**13.000 €**	25 J.		13.000 €		
Heizzentrale für Luft-Wärmepumpe	**12.000 €**	20 J.			12.000 €	
Brunnen mit Gebühren für GW-WP	**4.000 €**	60 J.		4.000 €		
Holzkessel mit 15 KW im Wohnzimmer	**10.000 €**					10.000 €
evtl. ohne Feinstaubfilter	**-1.000 €**					*-1.000*
Aussenkamin für Holzkessel	**2.500 €**		2.500 €	2.500 €	2.500 €	2.500
Ambiente-Holzofen	**1.500 €**		1.500 €	1.500 €	1.500 €	
Summe Investition			16.300 €	21.000 €	16.000 €	16.500 €
...umgelegt auf 20 Jahre			815 € p.a.	1050 € p.a.	800 € p.a.	825 € p.a.
Betriebs- und Energiekosten Stand 2010	Schätzung	Energiepreise ca.				
Gesamtenergiebedarf Heizung+WW	9.000 kWh					
Einsparung WW durch Solarthermie	-2.000 kWh					
Verbrauch Erdgas - Prognose	7.000 kWh	0,065 €	455 € p.a.			
Gebühr Kaminkehrer	1 x	50 €	50 € p.a.			
Gebühr Kaminkehrer Holzkessel	2 x	50 €	100 € p.a.	100 € p.a.	100 € p.a.	100 € p.a.
Brennholzkosten	4 Ster	60 €				240 € p.a.
Strombedarf für GW-Wärmepumpe AZ 4,5	2000 kWh	0,15 €		300 € p.a.		
Strombedarf für Luft-Wärmepumpe AZ 3,3	2727 kWh	0,15 €			409 € p.a.	
Summe Betriebskosten			605 € p.a.	400 € p.a.	509 € p.a.	340 € p.a.
Summe Investition + Betriebskosten p.a.			**1420 € p.a.**	**1450 € p.a.**	**1309 € p.a.**	**1165 € p.a.**

Im Fall von BAFA-Förderung gibt es Erleichterungen bei allen Varianten.
Die Holz-Variante schneidet dabei midestens um 1.000 € Förderhöhe besser ab als die Wärmepumpen-Varianten
Die Gas-Variante mit rund 750 € für die Solaranlage am schlechtesten!

mensch und haus Erstellt von michael.guggenberger 16.06.2010 Seite 1

Abbildung 2.18: Originaldatei zur Entscheidung der Heizungsvariante vom Juni 2010

Wir stießen zunächst bei unseren Beratern auf ungläubige Gesichter, dann jedoch auf große Begeisterung, als wir einen Scheitholzofen im Wohnzimmer, von Hand nachgefüllt, als einzige Wärmequelle vorschlugen - "selbst ist der Mann/die Frau". Ein wasserführender 15-kW-Ofen ist die einzige

Wärmequelle in unserem Haus, mit der auch das Warmwasser erzeugt wird. Als Notlösung, bei längerer Abwesenheit oder Krankheit schaltet sich ein elektrisch betriebenes Heizschwert zu.

Die Wärmeleistung des Ofens wird in einem 850-Liter-Tank gepuffert und bei Bedarf in die Wandflächenheizung verteilt. Unsere Erfahrungen mit dem System sind äußerst positiv. Wir haben im gesamten Haus ca. 21-22 °C. Diese Temperatur ist sehr angenehm und absolut ausreichend. Durch die beheizten Außenwände fühlt es sich im ganzen Raum gleichmäßig warm an.

Das Problem in unseren vorherigen Mietshäusern war immer, dass es in der Nähe der Radiatoren sehr heiß und z. B. an der Balkontür eher kalt war. Außerdem sind natürlich die nicht gerade ansehnlichen Radiatoren nicht mehr notwendig.

Anzumerken ist, dass das System sehr träge ist. Das Haus kühlt sehr langsam aus, braucht dann aber auch sehr lange, bis es wieder aufgeheizt ist. Wir halten das Haus daher immer konstant in einem Bereich zwischen 19 und 23 °C.

Unser Heizungskonzept wird noch durch eine dezentrale Lüftungsanlage komplettiert. Bei der diffusionsoffenen Bauweise und dem Lehminnenputz wäre eigentlich keine Lüftungsanlage nötig. Wir haben uns aber trotzdem dafür entschieden. Zunächst ist es natürlich sehr komfortabel, nicht mehr jeden Tag lüften zu müssen. Des Weiteren spart die Lüftungsanlage mit Wärmerückgewinnung aus der Abluft zusätzlich Energie, die wir entsprechend nicht mehr mit unserem Ofen nachheizen müssen.

Ein weiterer Aspekt ist die Sicherheit. Wir haben nach dem Lüften doch des Öfteren vergessen, das Fenster wieder zu schließen, und es war die ganze Nacht oder bis wir von der Arbeit zurückkamen, offen gestanden.

Besonders wichtig war uns die Hygiene der Anlage. Viele haben wohl schon negative Erfahrungen mit zentralen Lüftungsanlagen in Büroräumen o. Ä. gemacht. Die Lüftungsanlagen werden mit der Zeit zu "Bakterienschleudern". Wir haben uns daher für ein dezentrales Lüftungssystem entschieden. Die Anlage kann bei Bedarf in der Spülmaschine gereinigt werden. An die Dutzende Meter langen, fest verlegten Rohre einer zentralen Lüftungsanlage kommen Sie nie wieder zum Reinigen heran. Wir möchten nicht wissen, was da nach mehreren Jahren Betrieb so alles wohnt und mit der Frischluft ausgeblasen wird.

Wir lassen die Anlage ganzjährig, rund um die Uhr laufen. Laut Hersteller verbraucht die komplette Anlage im Haus ca. 18 Watt. Die eingesparte Wärmeenergie ist ein Vielfaches davon. Außerdem haben wir immer frische Luft im Haus.

2.5.2 Elektrischer Strom - das Lichtkonzept

Wir haben relativ viel Aufwand in die Planung eines Lichtkonzepts investiert und uns hierzu Unterstützung durch eine professionelle Lichtplanerin geholt. Wir können dies nur empfehlen. Eine schöne, indirekte Beleuchtung trägt unglaublich viel zu einer Wohlfühl-Atmosphäre in einem Haus bei. Aus Sicht der Elektrik war es uns wichtig, die komplette Hintergrund- und Akzentbeleuchtung im Erdgeschoss von einem einzigen Lichtschalter aus bedienen zu können. Es werden insgesamt sechzehn Wand-, Decken- und Bodenlampen für die Hintergrundbeleuchtung eingesetzt, die auch tolle Akzente im Wohnraum setzen.

Wichtig war uns dabei auch die Energieeffizienz. Allerdings haben die meisten Energiesparlampen ein sehr unangenehmes grell-weißes Licht. Durch ein recht ausgeklügeltes System von farbigen Energiesparlampen und Warmweiß-LED-Lampen konnten wir den Energiebedarf für unsere Hintergrundbeleuchtung von ca. 1000 Watt auf unter 120 Watt senken.

Zusammenfassend lässt sich sagen, dass der Elektriker wesentlich wichtiger für den Hausbau ist, als wir das anfangs gedacht hatten. Zum einen muss der Elektriker immer wieder zwischen den einzelnen Gewerken, z. B. vor dem Trockenbauer, dann wieder vor dem Verputzer, dem Bodenleger, dem Küchenbauer, arbeiten. Ein unzuverlässiger Elektriker kann den kompletten Bauablauf durcheinanderwerfen und erheblich verzögern. Zum anderen beeinflusst der Elektriker auch sehr viele gestalterische Aspekte, wie an der Lichtsteuerung über wenige zentrale Schalter sichtbar wird. Ein Elektriker, der "will" und "kann", bietet den Bauherren unglaublich viele Gestaltungsmöglichkeiten.

2.5.3 Elektrosmog - Kabelloses Telefon, Handy und WLAN

Ob die Strahlung von kabellosen Telefonen, Handys und WLAN schädlich ist oder nicht, wird durchaus kontrovers diskutiert. Meist wird jedoch empfohlen, die Strahlung wenigstens nachts, in der Schlaf- und Regenerationsphase, auf ein Minimum zu begrenzen. Was war nicht alles lange Zeit von der Medizin als völlig harmlos eingestuft? Man denke nur an Amalgam-Plomben oder Asbest im Bau. Seit 31. Mai 2011 warnt die WHO offiziell vor dem Gebrauch von Mobiltelefonen und stuft diese als “möglicherweise krebserregend”[IAR] ein. Wir verfahren jedenfalls auch hier nach dem **Minimierungsprinzip**.

Erhebliche Strahlenerzeuger im Haus sind u. a. **kabellose Telefone**. Wir wollten nicht auf den Luxus eines kabellosen Telefons verzichten. Daher haben wir unser altes Telefon durch ein neues mit ECO-DECT ersetzt. Das Telefon reduziert die Sendeleistung und passt diese an die Entfernung von der Basisstation an. Besonders wichtig ist, dass das Telefon in der Station die Sendeleistung auf null herunterfährt.

Tipp: Interessanterweise war bei beiden von uns gekauften ECO-DECT-Telefonen diese Einstellung ab Werk NICHT eingestellt. Die ECO-DECT-Funktion musste erst von uns manuell vorgenommen werden. Uns ist so etwas völlig unverständlich. Vielleicht achten Sie darauf.

Ein weiterer Punkt betrifft die Nutzung von **Handys**. Ein Holzhaus schützt recht gut vor Handystrahlung. Dies wurde von der Universität der Bundeswehr in München bestätigt. Die getestete Vollholzwand (2,4 cm Lärche/37 cm Fichte/4 cm Lärche) erreichte eine Abschirmung der Handystrahlung von 99,9 %.[THO2] Für unseren Wandaufbau (2,5 cm Lehm/15 cm Fichte/20 cm Cellulose/4 cm Fichte/2,5 cm Kalkputz) existieren leider keine Messwerte, aber folgende praktische Beobachtungen: Unsere Handys haben im Freien 3-4 Balken Empfangsqualität, im Haus dagegen 1 Balken bis gar keinen Empfang. Auch hier ist also ein weitgehender Strahlungsschutz gegeben.

Problematisch ist es natürlich, wenn Sie die Handys im Haus benutzen. Dann fahren die Mobiltelefone die eigene Sendeleistung hoch und Sie erreichen das Gegenteil von dem, was Sie eigentlich wollten - mehr statt weniger Strahlung. Daher suchen wir bereits seit Längerem nach einer Außenantenne, an die wir die Handys anschließen können. Leider sind wir bisher noch nicht fündig geworden.

Auch die Nutzung des **WLANs** für das Internet haben wir komplett eingestellt. An den wichtigsten Punkten im Haus sind Ethernetanschlüsse platziert. Damit ist das WLAN unnötig.

Wir sind den ganzen Tag über so vielfältiger Strahlung ausgesetzt, da wollen wir versuchen, wenigstens zu Hause möglichst wenig Strahlung ausgesetzt zu sein. Beispielsweise hat auch jegliche Art von Bildschirm oder Fernseher in einem Schlaf- oder Kinderzimmer nichts verloren.

2.5.4 Elektrostatische Aufladung - Schmutzfänger im Raum

Baubiologen empfehlen in Wohnräumen so wenige elektrostatisch aufladbare Oberflächen wie möglich. Der Mensch hat ein schwach elektrisches Schutzfeld um sich, das Schmutz und Krankheitserreger abstößt. Durch elektrostatische Felder wird dieser Schutzschild des Menschen gestört. Die Folge sind Allergien, Erkältungskrankheiten, Kopfschmerzen usw. Weiterhin verstauben elektrostatisch aufgeladene Oberflächen (vgl. Oberfläche des Fernsehbildschirms).

Unbehandelte oder nur mit Naturstoffen (z. B. Bienenwachs) behandelte Oberflächen laden sich nicht elektrostatisch auf. Dies ist der Grund, warum wir uns in einer Almhütte wohler fühlen als in einer modernen Wohnung mit vielen lackierten Oberflächen.[THO2] Wir können dies z. B. anhand unseres mit Leinöl eingelassenen Eichen-Vollholz-Bodens bestätigen. Der Boden wird nur einmal pro Woche gesaugt und alle vier Wochen mit reinem Wasser gewischt. Trotzdem ist der Boden immer sauber. Vergleichen Sie das mal mit Fließen oder einem lackierten Parkett.

Wer hat noch nicht erlebt, dass einem in Berührung mit gewissen synthetischen Textilien die Haare zu Berge stehen? Auch unsere durch Lüftungsanlagen oder Konvektion bewegte Raumluft "reibt" oft an allerlei Kunststoffen wie Laminaten oder Dispersionsfarben vorbei und lädt sich dabei statisch auf. In solch einer statisch aufgeladenen Raumluft bleibt Staub nicht ruhig liegen, sondern reichert sich in der Atemluft an. Wer auf diese Art von selbst erzeugtem Elektrosmog im Raum verzichten will, hat mit der Wahl von kunststofffreien Wandanstrichen und Bodenbelägen in Zusammenhang mit einer konvektionsfreien Wandheizung schon den wichtigsten Schritt getan.

3 Vor Baubeginn - worauf es ankommt... (M. & M. Schneider)

Nun haben wir uns mit der Idee des nachhaltigen und gesunden Bauens beschäftigt und konkret gesehen, wie ein entsprechendes Haus aussehen könnte. Der nächste anstehende Schritt ist der Bau. Bevor es jedoch richtig losgeht, sind bereits einige Dinge seitens der Bauherren zu erledigen.

Das Problem dabei ist, dass vieles gleichzeitig geplant und entschieden werden muss. Sie müssen das **Grundstück** auswählen und den Kaufprozess durchlaufen. Gleichzeitig benötigen Sie einen groben Gebäudeplan und eine **Kostenschätzung** für das Haus, wie es exakt auf diesem Grundstück unter Einhaltung des dort gültigen Bebauungsplans entstehen könnte. Das bedeutet, Sie müssen sich für einen **Baupartner** entscheiden. Wollen Sie selbst die Handwerker beauftragen oder bevorzugen Sie einen Generalunternehmer oder Bauträger? Ein weiterer wichtiger Punkt für die Kostenschätzung ist Ihre **Eigenleistung**. Was können Sie selbst tun, wofür müssen Sie externe Hilfe in Anspruch nehmen und folglich zahlen? Mit dieser Kostenschätzung Ihres Baupartners und dem Grundstückspreis ist wiederum eine **Finanzierung** durchzuplanen. Die Finanzierung ist ein erstaunlich wichtiger Hebel bei den Gesamtkosten Ihres Baus.

Nebenbei sollte auch bereits eine **geomantische Begehung** des Grundstücks stattfinden - natürlich möglichst bevor der endgültige Hausplan steht. Schließlich stehen die **Eingabeplanung** und die **Detailplanung** Ihres Hauses an. Die Aufgabe des Bauherrn ist hier, rechtzeitig "belastbare" Entscheidungen in immer größerer Detailtiefe zu erbringen. Danach kommen noch Küche, Bad und Garten - und natürlich die Kontrolle auf der Baustelle.

Wichtig bei alledem ist, sich nicht zu "verzetteln" und sich auf das für jede Bauphase Notwendige zu konzentrieren. Hierbei kann die Literatur nützliche Tipps vermitteln. Wir haben das Buch "In 10 Schritten zum Eigenheim" von Roland Stimpel [STI] als sehr hilfreich empfunden. Wird das Projekt Haus konkret, ist die Beratung durch einen erfahrenen **Architekten/Bauleiter** aus unserer Sicht unverzichtbar. Schließlich bauen die allermeisten von uns zum ersten Mal ein Haus. Ein Fehler in der Planung oder Umsetzung eines derartigen Projekts kann Sie später um ein Vielfaches teurer zu stehen kommen als die Beratungshonorare. Hier nur noch einige Punkte, die unserer Ansicht nach besonders wichtig sind und so nicht unbedingt in den anderen Ratgebern zu finden waren.

3.1 Das Grundstück - worauf ist zu achten

Der Kauf eines Grundstücks ist eine heikle Sache. Es gibt jede Menge Punkte zu beachten. Zunächst müssen Sie die Lage des potenziellen Kaufobjekts beurteilen.

Unser Tipp: Erstellen Sie vorab eine Liste mit Ihren Anforderungen an Ihr Traumgrundstück und setzen Sie Prioritäten. Vorlagen für Checklisten finden Sie im Internet oder in der Literatur.[1] Jedes Grundstück können Sie dann anhand dieser Liste bewerten und vergleichen.

Es geht hier um Dinge wie:

- Schulen,
- Kindergärten,
- Ärzte,
- Läden,
- Autobahnanschluss,
- Bahn- oder Bushaltestelle,
- schöne Häuser in der Nachbarschaft,
- Freizeiteinrichtungen,
- usw.

[1] z. B. [STI], S. 63

Entscheidend ist demnach die Infrastruktur, die Ihnen auch ermöglichen sollte, bis ins hohe Alter auf diesem Grundstück zu leben. Uns waren noch einige andere Punkte wichtig, die in den meisten Checklisten nicht angesprochen wurden:

- Sprechen Sie vorher mit den **Nachbarn**. Mit diesen Menschen müssen (oder dürfen) Sie noch viele Jahrzehnte auskommen. Stellen Sie sich dort frühzeitig vor. Das kommt gut an und ist ein toller Start in eine gute langjährige Nachbarschaft. Nichts "verhagelt" einen guten Start mehr als ein zukünftiger Nachbar, der das Nachbargrundstück unbekannterweise bereits vor Jahren gekauft hat, dann an einem Samstagnachmittag völlig unverhofft vor der Tür steht und natürlich sofort eine Unterschrift für einen Bauplan haben möchte, der, wie könnte es anders sein, vom Bebauungsplan massiv abweicht...

- Wie ist die **Ausrichtung der Nachbargebäude**? Wo halten sich die Nachbarn vermutlich auf? Gibt es Blickachsen von einem Wohnzimmer oder einer Terrasse auf Ihr künftiges Haus? Viele Architekten achten anscheinend nicht auf so etwas.

  Einer der Gartenbauer, der uns ein Angebot erstellt hat, wollte das Grundstück für die Erstellung eines Gartenplans nicht einmal sehen. Wie, fragen wir uns, will er ohne die Nachbarhäuser zu kennen, entscheiden, wo Büsche usw. die Blickachsen der Nachbarn durchbrechen sollen oder wie wir einen schönen Blick von innen oder der Terrasse aus haben werden? Wie Sie sich denken können, hat dieser Herr von uns keinen Auftrag erhalten.

  Unser Tipp: Achten Sie darauf, dass die Berater (Architekt, Bauingenieur, Finanzberater usw.) individuell auf Ihre Wünsche eingehen. Dies merken Sie sehr schnell daran, wie viele und welche Fragen Ihnen die Berater vor allem am Anfang des Beratungsprozesses stellen.

- Achten Sie auf die **Ausrichtung des Baufensters**. Können Sie Solar- oder Photovoltaikanlagen in guter Ausrichtung (Süden oder Westen) anbringen? Unser Tipp: Gehen Sie möglichst zu verschiedenen Tages- und Nachtzeiten zu dem potenziellen Grundstück. Die Sonneneinstrahlung, die Parkplatzsituation, aber auch der Lärmpegel können zu verschiedenen Zeiten massiv abweichen.

- Gibt es **Gehsteige**, die an Ihr Grundstück angrenzen und im Winter geräumt werden müssen? Vielen Wohnungsmietern ist das vorher nicht bewusst. Es ist äußerst nervig, jeden Tag bis 6.30 Uhr 60 m Gehweg räumen und streuen zu müssen.

- Wie ist die **Parkplatzsituation in der Zukunft**? Wo werden die ganzen Autos parken, wenn die Kinder einer Neubausiedlung alle 18 sind?

3.2 Den richtigen Baupartner finden - Bauträger oder selbst beauftragen?

Bei dieser Frage “scheiden sich die Geister”. Für uns war klar, dass wir auf jeden Fall Unterstützung brauchen. Wir kannten kaum die Abfolge der verschiedenen Gewerke am Bau, die Trocknungszeiten, die zwischen den Schritten einzuhalten sind, usw. Auch die Qualität der einzelnen Arbeitsergebnisse des Verputzers, des Trockenbauers, des Fliesenlegers usw. zu beurteilen, ist als Laie nicht ganz so einfach.

Der Vorteil eines Bauträgers oder Generalunternehmers ist sicher, dass Sie EINEN Ansprechpartner haben, der Ihnen die Preise (mehr oder weniger) verlässlich nennen kann und die Zusammenarbeit zwischen den Gewerken auf der Baustelle koordiniert. Da wir keinen Bauträger gefunden haben, der chemiefrei und aus Vollholz baut, blieb uns nur die Variante der Einzelbeauftragung der Handwerker und der Koordination über einen unabhängigen Bauingenieur. Die Planung hat eine unabhängige Architektin für uns durchgeführt. Mit dieser Konstellation haben wir sehr gute Erfahrungen gemacht.

Unser Tipp: Achten Sie darauf, dass sich die Handwerker untereinander kennen. Vielleicht fragen Sie, wenn Sie einen Handwerker beauftragt haben, wen derjenige für ein anderes Gewerk empfehlen würde.

Haben Sie nur einen “Störfaktor” dabei, bringt dieser häufig den ganzen Ablauf und die Zusammenarbeit durcheinander. Gerade beim ökologischen Bauen ist dies extrem wichtig. Die Handwerker müssen als Team zusammenarbeiten, wenn Sie ein schadstofffreies Haus bauen wollen. Ein einziger, der die Philosophie nicht verstanden hat, kann ihr Haus nachhaltig ruinieren.

Stellen Sie sich nur vor, der Maler schmiert Ihnen eine billige Baumarktfarbe auf Dispersionsbasis an die aufwendig mit Lehm verputzten Wände. Dann ist es vorbei mit dem diffusionsoffenen Wandaufbau.

Wir beobachteten hierzu ein schönes Ereignis auf unserer Baustelle: Wegen eines krankheitsbedingten Ausfalls unseres Fliesenlegers hat ein Fremdhandwerker einige Vorarbeiten für das Verlegen der Fliesen erledigt. Unser Elektriker hatte in der Toilette das Problem, dass er wegen der Fliesen einen Lichtschalter versetzen musste, und überlegte, wie er diesen in der Wand befestigen könnte. Der Fremdhandwerker schlug sehr pragmatisch vor, den Schalter doch einfach mit PU-Schaum anzukleben. Unser Elektriker reagierte vollkommen entsetzt. So etwas wie Bauschaum würde er nicht einmal anfassen. Das Zeug habe in einem Wohnhaus absolut nichts verloren. Und siehe da, es fand sich auch tatsächlich eine andere, schadstofffreie Lösung zur Befestigung des besagten Lichtschalters.

Unser Tipp: Suchen Sie sich einen Handwerksbetrieb aus Ihrer Umgebung, der ökologisch und chemiefrei arbeitet, und fragen Sie hier nach anderen Betrieben, die ebenfalls dieser Philosophie folgen. Diese "Gemeinde" ist recht überschaubar und "man kennt sich" normalerweise.

Ein Nachteil dieser Vorgehensweise, der nicht unerwähnt bleiben sollte, ist sicherlich, dass Ihre Möglichkeiten zum Drücken der Preise durch einen Wettbewerb zwischen alternativen Anbietern stark eingeschränkt sind.

3.3 Wie viel Eigenleistung können Sie erbringen, wo brauchen Sie Hilfe?

Dies ist eine der ersten Fragen, die Sie klären sollten. Was können Sie selbst, wo haben Sie Erfahrung und wo brauchen Sie externe Hilfe, auch wenn diese Geld kostet. Wir haben uns beim Thema Eigenleistung von vornherein darauf beschränkt, nur die begleitende Planung selbst zu machen. Wir sind der Meinung, dass sich viele Bauherren viel zu viel Eigenleistung zutrauen. Klar, das Budget ist knapp, aber sparen Sie hier nicht vielleicht an der falschen Stelle?

Viele glauben beispielsweise, die **Bauleitung** selbst übernehmen zu können. Wir hatten beim Hausbau keinerlei Erfahrung. Im Bewusstsein, dass hier auftretende Fehler zumindest potenziell enorme Folgekosten (Fehlentscheidungen, nicht berücksichtigte Punkte oder Bauverzug) verursachen können, haben wir uns für professionelle Unterstützung entschieden.

Auch bei der **handwerklichen Eigenleistung** auf dem Bau muten sich viele unserer Meinung nach viel zu viel zu. Nur die Planung und jeweils zur richtigen Zeit "belastbare" Entscheidungen (die nicht noch dreimal geändert werden) für den Bau zu liefern, ist Arbeit genug. Durch rechtzeitige und stabile Entscheidungen sparen Sie mehr Kosten als durch Handlanger-Tätigkeiten zur Unterstützung der Handwerker. Uns hat sich beispielsweise aus den Kalkulationen der Handwerker nicht wirklich erschlossen, ob das Endprodukt tatsächlich billiger wird, wenn wir selbst mithelfen. Und wie wollen Sie das denn letztlich auch kontrollieren? Ein bisschen an den Stundensätzen gedreht und schon kommt der Preis auf das Gleiche hinaus. Wir verstehen hier auch durchaus die Handwerker. Wie sollen diese denn die Eigenleistung von ihnen unbekannten Bauherren in der Kalkulation einschätzen? Was, wenn diese "zwei linke Hände" haben und mehr stören als nutzen?

Eine weitere Gefahr der Eigenleistung ist unserer Erfahrung nach, dass die Bauherren damit nicht rechtzeitig fertig werden und damit selbst einen **Bauverzug** verursachen. Man plant einmal ein Wochenende für die Tätigkeit ein, schafft es aber nicht und kann die Arbeiten dann erst am nächsten Wochenende abschließen. Schon haben Sie für das Folgegewerk einen Verzug von einer ganzen Woche verursacht.

Des Weiteren sollten Sie die Kosten richtig kalkulieren. Wir wundern uns bei so mancher Baustelle, dass dort zwar selbst der Außenanstrich gemacht wird, dafür das Gerüst aber wochenlang stehen bleibt. Für die Mehrkosten des Gerüsts kann man auch gleich die Handwerker zahlen, oder? Bei uns war der Außenanstrich nach einem Tag erledigt.

Daher unser Tipp: Überlegen Sie sich sehr genau, was Sie selbst tun und was nicht. Wir haben nur die Fensterrahmen selbst geölt. Der Hauptgrund hierfür war neben der Kostenersparnis, dass der Fensterbauer ein anderes Öl als unser Deckenlieferant benutzte, wir aber das gleiche Erscheinungsbild des Holzes haben wollten.

Zusammen mit Ihrem Baupartner, dem Wissen aus dem Bebauungsplan, einer groben Vorstellung Ihres Hauses und dem Maß der Eigenleistung kann eine **Kostenschätzung** für Ihr Bauvorhaben erstellt werden. Wir haben uns von drei Anbietern Angebote erstellen lassen, wobei nur zwei wirklich ökologisch und chemiefrei gebaut haben.

3.4 Die Finanzierung - der echte Hebel bei den Baukosten

Mit der Kostenschätzung als Basis geht es nun daran, sich über die Finanzierung Gedanken zu machen. Lassen Sie uns mit einem kleinen Rechenbeispiel die Wichtigkeit der Finanzierung verdeutlichen:

Annahmen: Darlehen von 200.000 €, monatliche Rate von 1.000 €, Zinsbindung von 10 Jahren, 1 % jährliche Tilgung

Bei einem effektiven Jahreszinssatz von 4 % beträgt die Restschuld nach den 10 Jahren Zinsbindung 150.916,73 €. Bei einem effekiven Jahreszinssatz von 4,5 % liegt die Restschuld bei 162.200,48 €. Eine Differenz von nur 0,5 % beim effektiven Jahreszinssatz ergibt in diesem Beispiel bereits nach 10 Jahren eine Differenz von 11.283,75 €!

Hier steckt richtig Geld drin. Sparen Sie das mal mit Eigenleistung ein. Da verbringen Sie viele Wochen auf der Baustelle.

Die **Finanzierung** ist der echte Hebel bei den Baukosten! Wir können Ihnen also nur empfehlen, in die Finanzierung etwas Arbeit zu investieren und nicht gleich das erste Angebot der Bankfiliale um die Ecke anzunehmen, bei der Sie ja schließlich Ihr Girokonto haben. Lassen Sie sich Angebote von mehreren Banken machen. Sie sollten auch überlegen, sich von einem unabhängigen Makler beraten zu lassen. Diese haben meist Zugriff auf zahlreiche Informationen und können die Angebote verschiedener Bankinstitute vergleichen und gegebenenfalls auch kombinieren. 0,5 % zwischen dem besten und dem schlechtesten Angebot sind fast immer zu finden.

Bei der Finanzierung geht es aber nicht nur um das Vergleichen der Zinssätze, es geht auch um das richtige Konzept. Das Konzept sollte auf Ihre individuelle Situation und Ihre Ziele ausgerichtet sein. Ein guter Berater berücksichtigt nicht nur Ihre Einkommens- und Vermögensverhältnisse und erstellt daraufhin ein Angebot, sondern befragt Sie zuvor nach Ihren Wünschen und Zielen, wie z. B.:

- Welche monatliche Rate können bzw. wollen Sie sich leisten? Können Sie diese monatliche Rate auch halten, wenn Sie Nachwuchs bekommen und ein Elternteil zuhause bleibt?

- Wieviel Eigenkaptial können bzw. wollen Sie einbringen? In der Regel gilt: Je mehr eigene Mittel zur Verfügung stehen, desto günstiger fällt der Darlehenszins aus. Allerdings verbessern sich die Zinskonditionen mit zunehmendem Eigenkapitaleinsatz nicht linear, sondern in Stufen. Jede Bank legt diese Stufen unterschiedlich fest - fragen Sie daher explizit nach diesen Zinssprüngen bei Ihrem Berater, denn nicht immer ist der Einsatz von mehr Eigenkapital die bessere Lösung.

- Sind während der Laufzeit Sondertilgungen geplant? Erwarten Sie größere Summen an Boni oder Einmalzahlungen? Bei einigen Darlehen ist es nicht oder nur begrenzt möglich Sondertilgungen zu machen.

- Wann wollen Sie spätestens schuldenfrei sein? Lassen Sie sich Ihr Angebot nicht nur für die Zinsbindung von z. B. 10 Jahren berechnen, sondern bis zum Ende der Laufzeit bei angenommenen zukünftigen Zinssätzen. Nicht dass die Laufzeit des Darlehens 50 Jahre dauert und Sie bereits in 30 Jahren in Rente gehen.

- Wie lange möchten Sie den Zinssatz festschreiben? Erwarten Sie zukünftig eher Zinssteigerungen oder -senkungen? Wenn Sie davon ausgehen, dass der Zinssatz in Zukunft steigen wird, versuchen Sie diesen so lange wie möglich festzuschreiben (z. B. 20 Jahre).

- Möchten Sie staatliche Förderungen nutzen? Es gibt eine Reihe von staatlichen Förderungen, wie z. B. von der KfW-Bank. Da sich die KfW-Programme laufend ändern, erkundigen Sie sich nach den aktuellen Förderungen.

- Von wann bis wann rufen Sie das Darlehen ab? Dies ist wichtig um Bereitstellungszinsen zu vermeiden. Bei einigen Banken müssen Sie z. B. das gesamte Darlehen innerhalb von 6 Monaten abrufen, ansonsten zahlen Sie für das nicht abgerufene Darlehen Bereitstellungszinsen von z. B. 0,25 % pro Monat (das sind bei einem nicht abgerufenen Darlehen von 100.000 € 250 € pro Monat!).

- Wie sind Sie abgesichert im Todesfall oder im Falle der Berufsunfähigkeit? Bedenken Sie bei diesen Worst-Case-Szenarien die Folgen für Ihren Kredit bzw. für Ihre Familie.
- Sind bei der Kostenaufstellung auch zusätzliche Kosten, wie z. B. Grunderwerbssteuer, Notar- und Grundbuchkosten, berücksichtigt? Diese Kosten dürfen bei einigen Banken nicht finanziert werden, sondern müssen vom Eigenkapital gezahlt werden.

3.5 Gute Planung - der zweite große Hebel bei den Kosten

Wie heißt es so schön: Planung ersetzt den Zufall durch den Irrtum.

Sie können sicher nicht an alles denken. Wir sind davon überzeugt, dass wir durch unsere akkurate und zeitgerechte Planung, die in Schritten immer detaillierter geworden ist, maßgeblich zur fristgerechten Fertigstellung unseres Hauses und zur Einhaltung des Kostenbudgets beigetragen haben. Das ist aus unserer Sicht, neben der Finanzierung, der zweite große Hebel des Bauherrn zur Beeinflussung der Kosten.

Ein guter Bauleiter wird Sie schrittweise in der Planung anleiten. Am Anfang des Projekts sind viele grobe Entscheidungen zu treffen, beispielsweise die Grundform und Größe des Hauses, das Baumaterial, die Anzahl und Art der Fenster (Holz, Kunststoff oder Aluminium), die Heizung (Wärmepumpe o. ä. und Fußboden- oder Wandheizung) usw. Diese Daten bilden für den Bauingenieur die Basis für die Kostenkalkulation. Wo sich beispielsweise die Fenster befinden, ist in dieser Phase noch ziemlich egal, ob es allerdings Kunststoff- oder Holz-Aluminiumfenster werden sollen, macht einen erheblichen Kostenunterschied.

Stehen der grobe Rahmen und die Außenmaße fest, geht es bereits wenige Wochen später in die Feinplanung. Die Aufteilung der Räume, Innenwände und Türen ist zu planen. Dabei spielen die Möbel, die Sie mitnehmen möchten, eine große Rolle. Passen diese in die Räume?

Unser Tipp: Wir haben in unserem damaligen Mietshaus mit dem Plan in der Hand für jeden zu gestaltenden Raum ein entsprechendes Pendant mit ähnlichen Raummaßen gesucht, die Möbel schon teilweise umgestellt oder mit Zeitungspapier am Boden die Umrisse markiert, um ein Gefühl für die Größen und die Anordnung zu bekommen. Das hat uns geholfen, viele Fehler zu vermeiden.

Eine weitere gute Idee war es, bestimmte Abläufe durchzugehen. Wo wird gebügelt und wo soll die jeweils unfertige und gebügelte Wäsche abgelegt werden? Brauchen Sie für diese Tätigkeit einen Blick auf den Fernseher? Sie entkleiden sich zum Duschen - wo soll die getragene Wäsche hin?

Da unser Vollholzhaus in der Halle der Zimmerei in Bauteilen vorgefertigt wurde und dabei bereits die Schächte für die Kabel gefräst wurden, mussten wir uns sehr früh für die Lage und Anzahl der Steckdosen und Lampen entscheiden. Diesen Schritt haben wir ziemlich unterschätzt. Man muss die Lage jedes Möbelstücks, die Öffnungsrichtung der Türen und die Position aller Lampen schon auf wenige Zentimeter genau wissen, um dies festlegen zu können. Jede nachträgliche Veränderung verursacht natürlich hohe Kosten, da die Handwerker dann manuell nacharbeiten müssen. Wir haben im gesamten Haus hinterher nur noch genau zwei Auslässe für die Lampen um wenige Zentimeter verändert und einen Stromkreis anders anschließen lassen. Das ist der Hebel zur Kostenvermeidung!

Nun sind für den Bau die meisten Entscheidungen getroffen. Der Job der Bauherren ist nun eher die Kontrolle auf der Baustelle und für Fragen der Handwerker rechtzeitig erreichbar zu sein. Trotz sehr guter Handwerker ist hier immer wieder ein prüfendes Auge erforderlich. Der Bauingenieur ist auch nicht jeden Tag auf der Baustelle. Wir haben festgestellt, dass die meisten Handwerker dazu neigen, eher selten in den Plan zu sehen und "aus dem Bauch" zu entscheiden. Daraus resultieren manchmal wirklich bessere Ideen, meist aber eben nicht. Da wir asymmetrisch geteilte Fenster haben, ist uns nach dem Einbau aufgefallen, dass die linke und rechte Seite vertauscht wurden. Kann mal passieren (wenn man nicht in den Plan schaut). Danach ist uns Tage später beim Öffnen der Fenster aufgefallen, dass diese auch zwischen dem oberen und unteren Stockwerk vertauscht waren. Da ist uns dann schon der "Geduldsfaden gerissen". Wenn schon auf einen Fehler hingewiesen wurde, sollte vielleicht wenigstens dann einmal der Plan zurate gezogen werden. Die Moral von der Geschicht: Kontrollieren Sie trotz guter Handwerker noch mal nach. Fehler passieren immer auf dem Bau.

Neben der Kontrolle geht es für den Bauherrn aber schon weiter: Jetzt müssen Sie rechtzeitig **Bad und Küche** planen. Welche Fliesen, Waschbecken usw. sollen eingebaut werden? Beachten Sie bei der Planung der Küche, dass diese Lieferzeiten weit jenseits der 3 Monate hat! Ist dies erledigt, müssen Sie sich bereits um die Planung und Beauftragung des Gartens kümmern. Im Stress und der Hektik des Bauens geht dieser Schritt häufig an den Bauherren vorbei. Dann lebt man nach Fertigstellung des Hauses noch ein Jahr in einem Acker.

3.6 Die geomantische Begehung - Hokuspokus oder wichtiger Teil der Planung?

Was ist überhaupt eine geomantische Begehung? Geomantie ist eine unwissenschaftliche esoterische Lehre, die sich selbst als "ganzheitliche" Erfahrungswissenschaft versteht. Geomantie umfasst das Erkennen und Erspüren von guten Plätzen in Raum und Landschaft und damit die Grundlage für ein harmonisches und gesundes Wohnen und Leben. Die Aufgabe eines Geomanten besteht darin, baubiologisches Wissen mit der geomantischen Kunst zu vereinen, Räume zu gestalten, den guten Ort zu erkennen und mit den Menschen in Einklang zu bringen. Damit ähnelt die Geomantie dem chinesischen Feng-Shui.[GEO]

Geomanten spüren beispielsweise Wasseradern auf. Dr. Freiherr von Rosen behauptet, dass über 90 % aller Krebspatienten auf einer Wasserader schlafen.[ROS] Daher sollte die Begehung natürlich möglichst stattfinden, bevor der endgültige Hausplan existiert bzw. sogar bevor die endgültige Unterschrift unter dem Grundstücksvertrag steht. Was wäre, wenn die Begehung ergibt, dass sich direkt unter Ihrem künftigen Heim eine geopathische Störzone befindet?

Unser Tipp: Selbst wenn Sie nicht daran glauben, es kann ja nicht schaden, oder? Bei der Höhe der Investition in ein Grundstück fallen diese 300-500 € wirklich nicht ins Gewicht.

3.7 Zusammenfassung

Wie schon der Reiseführer in "Per Anhalter durch die Galaxis" empfiehlt: Keine Panik! Ein Grundstück lässt sich für gewöhnlich 2-4 Wochen reservieren. Bewerten Sie das Grundstück anhand Ihrer Checkliste - eine 100-%-Lösung ist kaum zu erwarten. Wenn Sie wenigstens eine grobe Vorstellung des Hauses und Ihrer finanziellen Möglichkeiten haben, ist eine erste Kostenschätzung in 1-2 Wochen erstellt. Über die Art des Hauses (Ziegel, Holzständer oder Vollholz; Fertighaus oder selbst geplant) lassen sich auch die infrage kommenden Bauträger eingrenzen. Meist bekommen Sie eine erste Kostenschätzung von den Anbietern umsonst. Diese ist dann für die Erstellung eines Finanzierungsplans mit einer Bank oder einem Makler zunächst ausreichend. Auch hierfür gehen 2-3 Wochen "ins Land". Parallel können Sie schon einen Termin beim Notar reservieren und die geomantische Begehung (dauert nur 1-2 Stunden) durchführen lassen. Diese 4 Wochen sind sehr "intensiv", aber machbar. Es bleiben allerdings nicht mehrere Wochen Zeit zum Überlegen. Haben Sie alles zusammen, gilt es, eine Entscheidung zu treffen. Der "Point of no Return" ist der Gang zum Notar.

Hier nochmals die wichtigsten Punkte aus unserer Sicht beim Hausbau:

Gute Finanzierung: Das ist ein riesiger Hebel, um die Kosten des Hausbaus zu beeinflussen. Auch sollten Sie auf Sicherheit und Planbarkeit der Rückzahlungsraten achten.

Guter Plan: Eine gute, belastbare Planung spart enorme Kosten durch nachträgliche Anpassungen. Die Beratung durch einen erfahrenen Bauleiter ist Gold wert.

Gute Handwerker: Sparen Sie hier nicht an der falschen Stelle. Ohne gute Handwerker, die gewerkeübergreifend zusammenarbeiten und auch gegenseitig Fehler ausbessern, wird eine Baustelle schnell zum Albtraum. Für uns überraschend war, dass vor allem der Elektriker aufgrund der Vernetzung mit den anderen Gewerken eine ziemlich wichtige Rolle auf der Baustelle spielt. Das augenscheinlich anfangs gesparte Geld trifft Sie später umso härter.

4 Die Bauphase - eine Fotostory (M. & M. Schneider)

Nachdem der Aufbau des Hauses in Kapitel 2 theoretisch erklärt wurde und wir uns mit den wichtigen Dingen vor Baubeginn beschäftigt haben, möchten wir Ihnen nun anhand einer kurzen Fotostory zeigen, wie ein nachhaltig erstelltes Holzhaus gebaut wird. Die Thermografieaufnahmen verdeutlichen, wie leistungsfähig eine Isolierung ohne chemische Stoffe sein kann. Abschließend wollen wir Ihnen noch ein paar Eindrücke des fertigen Hauses zeigen.

4.1 Bauablauf - von der Idee zum Einzug in 11 Monaten

Zunächst werden für das Haus die Fundamente vorbereitet und gegossen. Als Besonderheit sei hier erwähnt, dass zur Isolierung der Bodenplatte Glasschaumsteine (siehe Abbildung 4.1) verwendet werden. Diese sind aus ökologischer Sicht als neutral zu bewerten.

Abbildung 4.1: Glasschaumsteine isolieren die Bodenplatte.

Die Bauelemente werden in den Hallen der Zimmerei Brunthaler vorgefertigt (siehe Abbildung 4.2) und dann per Tieflader an die Baustelle transportiert.

Abbildung 4.2: Die Wandelemente werden in der Produktionshalle vorgefertigt.

Auf der Baustelle geht der Aufbau der Wandelemente mit einem Baukran sehr zügig vonstatten (siehe Abbildung 4.3). Rechts im Bild gut zu erkennen ist ein Außenwandelement mit den Ausschnitten für die Terrassentür und das Küchenfenster. Durch die Löcher in den Wandelementen wird später die Cellulose als Isolierschicht in die vorgefertigten Kammern eingeblasen.

In der Mitte des Bildes ist eine Innenwand zu erkennen. Die Innenwände werden aus Naturgipsplatten (nicht aus REA-Gips aus Rauchgasentschwefelungsanlagen!) aufgebaut. Zur Isolierung und zum Schallschutz werden später die Hohlräume mit Naturhanfmatten ausgestopft. Links im Bild sieht man die Innenseite einer Außenwand. Gut erkennbar ist der Aufbau der Monoblockwand aus verschränkt vernagelten Holzbohlen, die im Expertenteil des Kapitels 2 genauer erläutert wird.

Abbildung 4.3: Aufbau des Erdgeschosses mit Außen- und Innenwänden.

Bereits nach 4 Arbeitstagen steht das Gebäude bis zum Dach und kann übers Wochenende mit Planen gegen Regen gesichert werden (siehe Abbildung 4.4). Durch die Vorfertigung ist der Ablauf auf der Baustelle extrem schnell. Lediglich der Aufbau der Zwischendecke, die auf der Baustelle gefertigt werden muss, ist etwas zeitaufwendiger.

Abbildung 4.4: Aufbau des Obergeschosses.

Auf dem folgenden Bild erkennt man sehr gut den Aufbau des Daches (siehe Abbildung 4.5). Es besteht aus zwei Schichten. Die Dachbalken liegen innen auf. Die Balken, die später den Dachüberstand bilden, liegen eine Schicht darüber. Damit wird erreicht, dass in der Isolierung keine Spalten entstehen, obwohl das Holz der Balken durch die Schwankungen der Luftfeuchtigkeit und der Temperatur im Winter und Sommer "arbeitet" (siehe auch Kapitel 2 Dachaufbau).

Abbildung 4.5: Aufbau des Daches.

Als Nächstes werden die Außenwände isoliert. Die Cellulose wird maschinell in die Wände eingeblasen (siehe Abbildung 4.6). Der Vorteil ist, dass es bei dieser Art der Isolierung keine Stöße, wie bei Plattenmaterial oder Kältebrücken durch Nägel oder Schrauben zur Befestigung, gibt. Egal welche Form, das Material legt sich darum und füllt jede Ritze. Eine Befürchtung unsererseits ist, dass sich das Material setzen könnte. Dies kann jedoch sehr einfach mit einer Wärmebildkamera immer wieder überprüft werden. In Kapitel 4.2 sehen Sie die Ergebnisse der Qualitätsprüfung im ersten Winter.

Abbildung 4.6: Die Cellulose-Isolierung wird in die Hohlräume der Außenwände eingeblasen.

Nach nur 7 Tagen ist das Bauwerk regendicht (siehe Abbildung 4.7). Nach weiteren 4 Arbeitstagen sind die Wände isoliert, die Fenster und Türen eingesetzt und das Dach ist gedeckt. Unglaublich, aber wahr. Sie sehen auf dem unteren Foto den Zustand des Hauses nach nur 11 Arbeitstagen auf der Baustelle.

Abbildung 4.7: Das Haus nach nur 11 Arbeitstagen.

Nun geht es an den Innenausbau. Sie sehen im Bild zum einen die Steckdosen, die für den Verputz mit roten Plastikkappen abgedeckt sind (siehe Abbildung 4.8). Der Elektriker setzt die Steckdosen und verlegt die Kabel über den Boden. Dies ist rechts im Bild zu erkennen. Als Nächstes präparieren die Verputzer die Wände. Als Putzträger für den Lehm werden Schilfmatten an die Wände genagelt. Dies ist sehr zeitaufwendig und dementsprechend teuer. Sodann können die Heizungsbauer die Kupferrohre für die Wandflächenheizung verlegen, bevor verputzt werden kann. Dies verdeutlicht sehr schön, wie eng die Gewerke Elektrik, Verputz und Heizungsbau im Wechsel zusammenarbeiten müssen.

Abbildung 4.8: Der Innenausbau: Elektrik, Schilfmatten für den Lehmputz und Kupferrohre für die Wandflächenheizung.

Nun kann mit Lehm verputzt werden. Während der mehrwöchigen Trocknungszeit haben wir bereits mit unserem Stückholzofen geheizt. Dies ist die einzige Wärmequelle im Haus, mit der geheizt und Warmwasser bereitet wird. Das Wasser aus einem Pufferspeicher wird durch die im Bild an der Vorderseite des Ofens sichtbaren Rohre durch das Abgas der Brennkammer geleitet und so erhitzt. Links im Bild gut zu erkennen ist der Verlauf der Kupferrohre der Wandflächenheizung in dem gerade trocknenden Lehmputz (siehe Abbildung 4.9).

Abbildung 4.9: Die einzige Wärmequelle im Haus und der trocknende Lehmputz mit dem Verlauf der Kupferrohre der Wandflächenheizung.

Wichtig ist, dass der Ofen gut eingemauert wird, damit die Hitze in den Puffertank und nicht in den Raum geht (siehe Abbildung 4.10). Dies wird sehr häufig vergessen oder unterschätzt. Wir kennen einige Bauherren, die einen 15-kW-Ofen im Wohnzimmer betreiben und sich beklagen, dass der Wohnraum dann schnell 26 °C und mehr hat. Selbst wenn wir sehr stark heizen, erwärmt sich der umgebende Wohnraum nur um 2-3 °C.

Abbildung 4.10: Der Ofen muss gut eingemauert werden, damit 80-90 % der Leistung in den Pufferkreislauf und nicht in den Wohnraum gehen.

Nach mehrwöchiger Trocknungszeit des Lehmputzes kann dann mit dem Innenausbau fortgefahren werden. Nach dem Einbau der Elektrik werden die Innenwände mit Naturhanf ausgestopft und geschlossen (siehe Abbildung 4.11).

Abbildung 4.11: Die Innenwände werden mit Naturhanf ausgestopft und geschlossen.

Dann wird der Boden im OG aufgebaut. Bevor die Seekiefer-Vollholzdielen verlegt werden können, muss ein Unterbau aus Kies (viel Masse als Trittschallschutz) und Kokosmatten (zur Dämpfung und Federung) verlegt werden (siehe Abbildung 4.12). Insgesamt wurden fast 5 Tonnen Kies in Eimern in den 1. Stock getragen - eine ziemlich schweißtreibende Angelegenheit. Wer sich in Eigenleistung beteiligen will - das ist unser Tipp!

Abbildung 4.12: Der Bodenaufbau im OG besteht aus Kies als Trittschallschutz und Kokosmatten, auf die 2,5 cm dicke Vollholzdielen aus Seekiefer verlegt werden.

Als Nächstes folgt der Aufbau des Bodens im EG. Man sieht im Bild die Kreuzlattung und die darunter verlaufende Installation (Elektrik, Heizung) (siehe Abbildung 4.13). Die Kassetten werden mit Cellulose als Isoliermaterial gefüllt, erkennbar in der 3. Kassette am linken Bildrand.

Abbildung 4.13: Der Bodenaufbau im EG besteht aus einer Kreuzlattung und wird mit Cellulose isoliert.

Auf die Kreuzlattung werden die 2,5 cm naturbelassenen Eichendielen verlegt und anschließend geölt (siehe Abbildung 4.14). Vor dem Einbau des Bodens wurden die Wände bereits mit reinen Lehmfarben gestrichen.

Abbildung 4.14: Die Wände sind mit reinen Lehmfarben gestrichen, der Eichenboden dunkel geölt.

Als das Wetter es zulässt, wird mit den Vorbereitungen für den Außenputz begonnen. Auch hier werden sehr zeitintensiv die Schilfmatten als Putzträger auf die Holzwände aufgebracht (siehe Abbildung 4.15).

Abbildung 4.15: Auch außen werden Schilfmatten als Putzträger angebracht.

Der Außenputz besteht aus Sumpfkalk, um die Diffusionsoffenheit der Wände zu gewährleisten (siehe Abbildung 4.16).

Abbildung 4.16: Verputz aus reinem Sumpfkalk.

Die schadstofffreie Silikatfarbe für den Außenanstrich musste extra in der Schweiz bestellt werden (siehe Abbildung 4.17).

Abbildung 4.17: Der Außenanstrich erfolgt mit einer speziellen Silikatfarbe.

Betrachten Sie nochmals auf allen Fotos die Baustelle. Vergleichen Sie diese einmal mit konventionellen Baustellen. Dort liegt während der Bauphase ständig containerweise Müll herum, der entsorgt werden muss. Auf unserer Baustelle gab es praktisch keinen Müll. Das meiste war Lehm oder Kalkputz und konnte im Garten verwendet werden oder unbehandeltes Holz, das uns im Winter für den ersten Monat Heizmaterial geliefert hat - ein weiterer Vorteil des schadstofffreien Bauens.

Auch die Geschwindigkeit war berauschend - vom Start der Planungen über den Kauf des Grundstücks und die Erstellung des Baus bis zum Einzug sind exakt 11 Monate vergangen.

4.2 Qualitätssicherung - die Wärmebildkamera offenbart eventuelle Mängel

Bei der Bauausführung kommt es immer wieder zu Mängeln, die als Bauherr kaum zu erkennen sind. Gerade die Isolierung mit Cellulose hat uns Kopfschmerzen bereitet. Sind wirklich alle Hohlräume ausgefüllt? Derartige Mängel wären auf einer Thermografieaufnahme sofort erkennbar. Daher haben wir diese Qualitätssicherungsmaßnahme im ersten Winter durchgeführt.

Man sieht im Bild eine Thermografieaufnahme von der Ostansicht des Hauses vom Januar 2012 (siehe Abbildung 4.18). Die Außentemperatur der Fassade beträgt -11,6 °C, die Innentemperatur beträgt +22 °C. Interessant ist, dass die Fassade sogar etwas kälter ist als der Bewuchs und der Kies vor dem Haus (erkennbar an dem leicht helleren Blauton), was für die gute Isolierung spricht. Und das alles nur mit biologischen Baustoffen! Wichtig ist auch, dass die Fassade gleichmäßig dunkelblau ist. Lücken und Schwachstellen in der Isolierung wären sofort im Wärmebild zu erkennen.

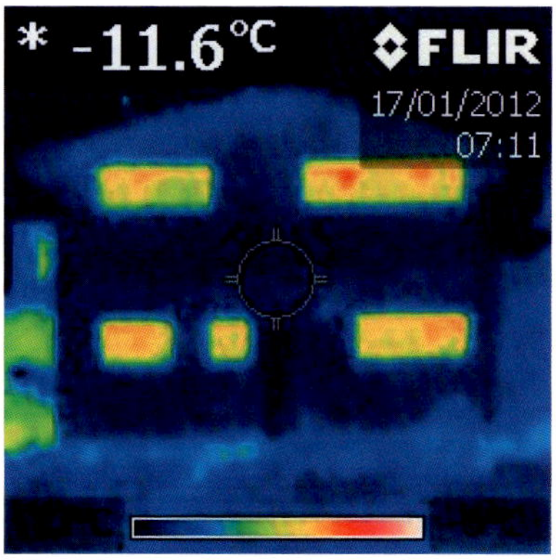

Abbildung 4.18: Die Ostansicht im Wärmebild. Die Temperaturdifferenz zwischen innen und außen beträgt über 33 °C.

Das nächste Bild zeigt die Seitenansicht und das Dach (siehe Abbildung 4.19). Auch hier wären Schwachstellen sofort sichtbar. Der rote Punkt zwischen den beiden Fenstern ist übrigens der Auslass der Lüftungsanlage.

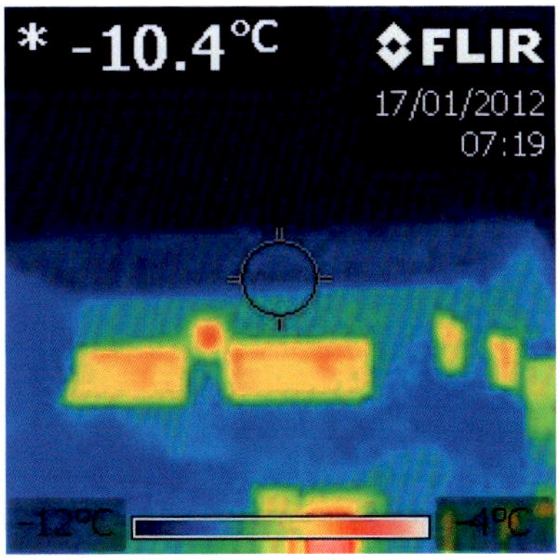

Abbildung 4.19: Die Südansicht zeigt auch das Dach. Selbst kleinste Schwachstellen in der Isolierung wären im Wärmebild sofort erkennbar.

Von der Westansicht aus ist auf der linken Seite im Hintergrund ein weiteres Wohngebäude hinter einer Garage erkennbar (siehe Abbildung 4.20). Deutlich sichtbar ist, dass sowohl die Außenfassade als auch die Fenster dieses Hauses wesentlich wärmer sind als unsere. Das Gebäude verliert somit erheblich mehr Energie.

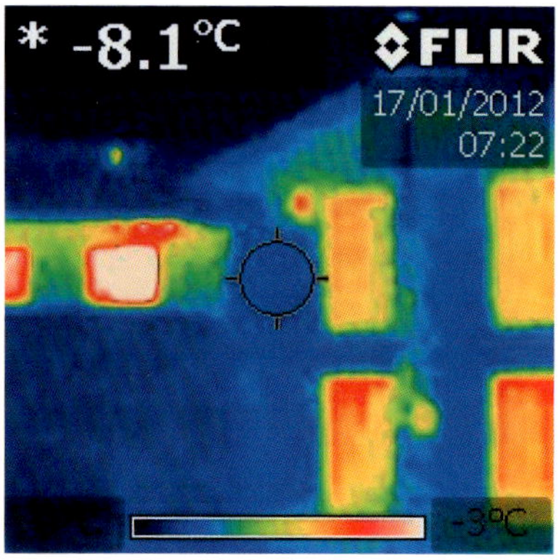

Abbildung 4.20: Der Vergleich zwischen den beiden Häusern zeigt, dass Fassade und Fenster unseres Hauses im Vordergrund wesentlich kühler und somit energiesparender sind.

Ein Blick auf die 3-fach verglasten Fenster zeigt die Leistungsfähigkeit dieses modernen Bauteils. Die Oberfläche des Fensters außen beträgt in der Mitte (Kreis im Bild erkennbar) -5 °C. Die umgebende Außenfassade hat -7,6 °C (siehe Abbildung 4.21). Die Schwachstelle bei jedem Fenster ist der Randverbund (die Stelle, an der das Glas auf den Holzrahmen trifft). An dieser Stelle, im Bild als roter Rahmen erkennbar, liegt die Oberflächentemperatur bei -1,9 °C.

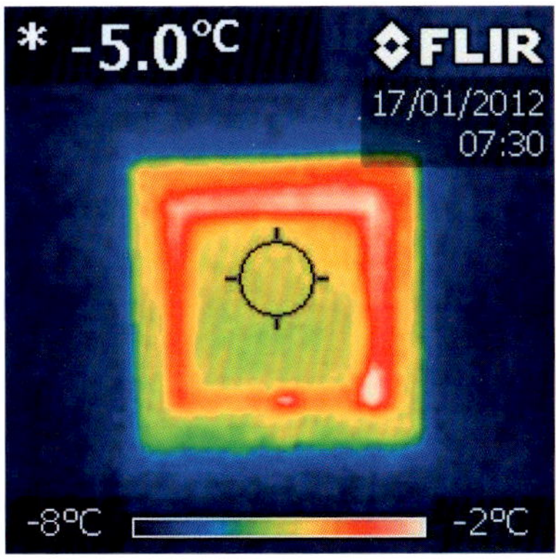

Abbildung 4.21: Der geringe Temperaturunterschied zwischen Fassade und Fensteroberfläche von 2,6 °C zeigt die enorme Leistungsfähigkeit von 3-fach verglasten Fensterscheiben.

Das gleiche Fenster von innen aufgenommen (siehe Abbildung 4.22) zeigt hier eine Oberflächentemperatur von +18 °C. Eine Differenz von 23 °C auf weniger als 4 cm! Auch hier ist wieder gut die Schwachstelle, der Randverbund, erkennbar.

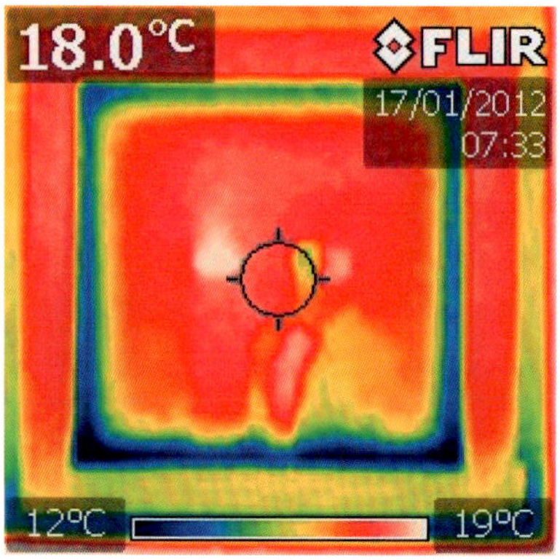

Abbildung 4.22: Das gleiche Fenster von innen aufgenommen; 23 °C Temperaturdifferenz auf 4 cm.

Auf diesem Bild wurde die Ecke zwischen einer Außenwand (links im Bild mit Fenster) und einer Innenwand aufgenommen (siehe Abbildung 4.23). Die Ecke ist ganz leicht kälter und als oranger Balken rechts neben dem Kreis im Bild erkennbar. Der Schluss aus dem Bild? Da die Oberflächentemperatur beider Wände auf der Innenseite exakt gleich ist, obwohl hinter der linken Wand ca. -10 °C und hinter der rechten Wand im beheizten Zimmer Raumtemperatur herrscht, muss die Isolierung hervorragend sein.

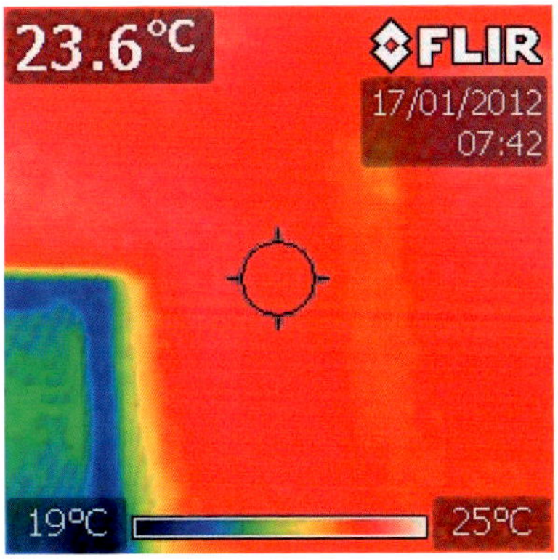

Abbildung 4.23: Die Oberflächentemperatur auf der Innenseite zwischen einer Außenwand links und einer Innenwand rechts im Bild ist exakt gleich. Der Schluss - eine hervorragende Isolierung.

Bild 4.24 zeigt den Verlauf der Wandflächenheizung im Lehmputz. Die Kupferrohre verlaufen um die Fenster herum. Die Oberflächentemperatur liegt an den Rohren bei ca. 22 °C. Die Raumtemperatur beträgt zu diesem Zeitpunkt ca. 21 °C. Wenn die Wände wärmer sind als die Luft, vermittelt dies ein äußerst behagliches Wohngefühl. Man hat nicht den Eindruck, dass es von irgendwoher "kalt kommt".

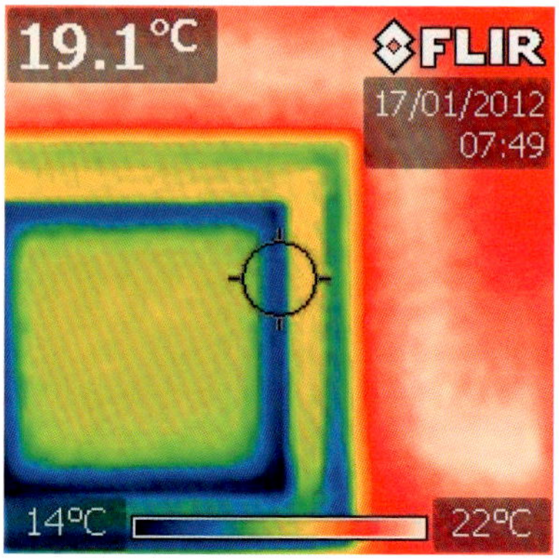

Abbildung 4.24: Verlauf der Wandflächenheizung um die Fenster. Da die Wände leicht wärmer sind als die Raumluft, entsteht ein behagliches Wohngefühl.

Unser Tipp: Lassen Sie Ihr Haus nach der Fertigstellung unbedingt mit einer Wärmebildkamera untersuchen. Die Thermografie offenbart auch kleinste Schwachstellen im Bau. Um eine eventuelle Setzung der Cellulose zu bemerken, werden wir die Thermografieuntersuchung in einigen Jahren wiederholen. Dies gibt dauerhaft Sicherheit und Vertrauen in die Qualität des Baus.

5 Der Betrieb - der Traum vom autarken Haus (M. & M. Schneider)

Neben der nachhaltigen Erstellung unseres Hauses spielt natürlich auch der Ressourcenverbrauch während der Nutzung des Hauses eine große Rolle. Wir gehen durchaus bewusst mit den Ressourcen Wasser, Energie und Holz um, wollen aber auch nicht auf einen gewissen Komfort verzichten. Die im Folgenden aufgeführten Verbrauchsdaten für unser Haus liegen nun für genau ein Jahr vor. Wir gehen davon aus, dass sich der Holzverbrauch die nächsten ein bis zwei Heizperioden noch etwas reduzieren wird, da der Innen- und Außenputz und die Isolierung noch komplett trocknen müssen.

5.1 Trinkwasser - Regenwassernutzung leider unwirtschaftlich

Werfen wir zunächst einen Blick auf das Trinkwasser. Der Verbrauch von Trinkwasser lag 1980 in Deutschland bei ca. 140 l pro Kopf und Tag und sank bis 2010 auf durchschnittlich 123 l.[STA] Wie unten stehende Verbrauchsmitschrift (Abbildung 5.1) zeigt, hat sich unser Verbrauch nach der Bauphase bei ca. 100 l pro Kopf und Tag (6000 l pro Monat in einem 2-Personen-Haushalt) eingependelt. Damit liegen wir ca. 20 % unter dem Bundesdurchschnitt. Wir erklären dies vor allem durch die wassersparenden Armaturen an Waschbecken, Duschen und den WCs.

Wir hatten lange überlegt, eine Regenwassernutzungsanlage zu installieren, um unseren Verbrauch von sauberem Trinkwasser weiter zu reduzieren. Diese Idee ist letztlich aber zugegebenermaßen an den Kosten gescheitert.

Da das Wasser kühl bleiben muss, ist eine gewisse Mindesttiefe für den

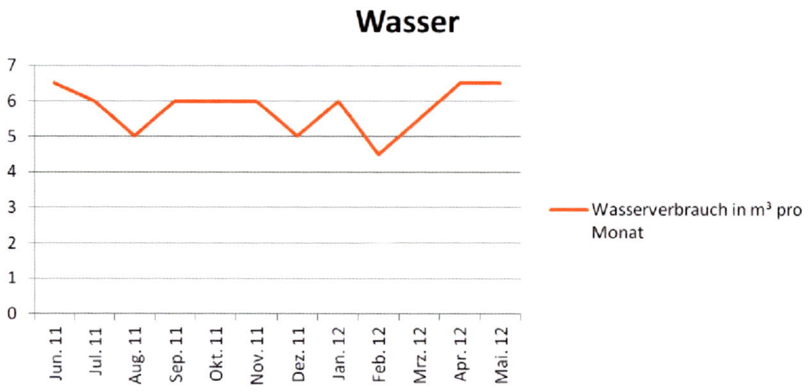

Abbildung 5.1: Wasserverbrauch in m^3 pro Monat über ein Jahr.

Einbau des Regenwassertanks erforderlich. Aufgrund des sehr hohen Grundwasserstandes unter unserem Grundstück wäre eine derartige Anlage für uns extrem teuer geworden, um ein Aufschwimmen des Tanks zu verhindern. Wenn man für die Kalkulation zugrunde legt, dass die Gebühren für das Abwasser trotzdem gezahlt werden müssen, spart man pro m^3 Wasser gerade einmal 1,33 €.[SLA] Geht man von 70.000 l Jahresverbrauchsmenge in unserem Haushalt und einer Wassereinsparung von 50 % durch die Regenwassernutzung aus, wären dies ca. 45-50 € Einsparung pro Jahr. Damit würde die Amortisationszeit der Anlage weit über 60 Jahre betragen! Nicht berücksichtigt sind dabei noch der Strom für die Pumpe und die in der Zwischenzeit anfallenden Wartungskosten. Vielleicht ist Trinkwasser einfach noch zu billig?

5.2 Heizung und Warmwasser - nur mit erneuerbaren Energien

Ca. 80 % der Energie wird in privaten Haushalten für Heizung und Warmwasser aufgewendet.[MUE] Wir decken unseren Warmwasser- und Heizungsbedarf aus einem Pufferspeicher (siehe Kapitel 2.4). Dieser wird durch eine Solaranlage und einen Stückholzofen gespeist.

In den Sommermonaten wird der Warmwasserbedarf komplett durch die Solaranlage gedeckt, wie Sie der Abbildung 5.2 entnehmen können. Ab ca.

Mitte September muss jedoch zugeheizt werden. In den Wintermonaten sinkt der Beitrag der Solaranlage auf nahezu null. Eigentlich rechnet sich auch eine Solaranlage aus rein ökonomischen Gesichtspunkten nicht wirklich. Für uns ist aber die Kombination mit der Stückholzheizung ideal, weil wir damit von Mai bis September den Holzofen nicht betreiben müssen. Bei einer Gastherme im Keller ist es ja eher egal ob diese läuft oder nicht (aus Sicht des Komforts, sicher nicht aus Sicht der Ökologie).

Der Stückholzofen wird ab ca. Mitte September/Anfang Oktober (siehe Abbildung 5.2), je nach Außentemperatur, alle 2 Tage bis zu 2-mal am Tag beheizt. Angegeben ist der Wert des Brennholzverbrauchs in kWh pro Monat. Pro Heizvorgang wird ein Korb Holz verwendet. Ein Korb entspricht bei uns ca. 1/25 Ster Holz. Im Oktober haben wir ca. jeden zweiten Tag angeheizt, im November dann jeden Tag und somit ca. 30 Körbe oder ca. 1 Ster Holz verbraucht. Insgesamt haben wir von Sept. bis April ca. 160-mal den Ofen angeschürt und ca. 6,5 Ster Holz (Hart- und Weichholz gemischt) verbraucht.

Unsere Back-up-Lösung, wenn wir für mehrere Tage verreisen oder krankheitsbedingt nicht heizen können sollten, ist ein Elektroheizschwert im Pufferspeicher. Um den Stromverbrauch für die Heizung genau kontrollieren und auswerten zu können, haben wir einen separaten Zähler für das Elektroheizschwert installieren lassen. Wie das Diagramm zeigt, haben wir nur im April ca. 133 kWh Strom zugeheizt. Aufgrund des schlechten Wetters hat die Solaranlage nicht viel Leistung erbracht, nur für das Duschwasser den Holzofen anzuschüren, war aber auch nicht mehr sinnvoll. Ansonsten hat der Pufferspeicher das Haus auch bei bis zu vier Tagen Abwesenheit auf über 16 °C gehalten.

Dieses Heizungskonzept passt perfekt zu unserer Philosophie. Das tägliche Feuermachen gehört zu unserem "Feierabendritual". Wenn man nach Hause kommt, wird zunächst eingeheizt. Aber das ist genau das Interessante dabei; man bekommt mit dieser Form der Heizung wieder einen ganz anderen Bezug zu seinem Energieverbrauch und geht dementsprechend auch wesentlich bewusster damit um. Wir haben beispielsweise festgestellt, dass ein Vollbad unglaublich viel Energie verbraucht - fast einen kompletten Korb voll Holz. Wenn wir baden wollen, müssen wir mindestens eine Stunde zuvor ein Feu-

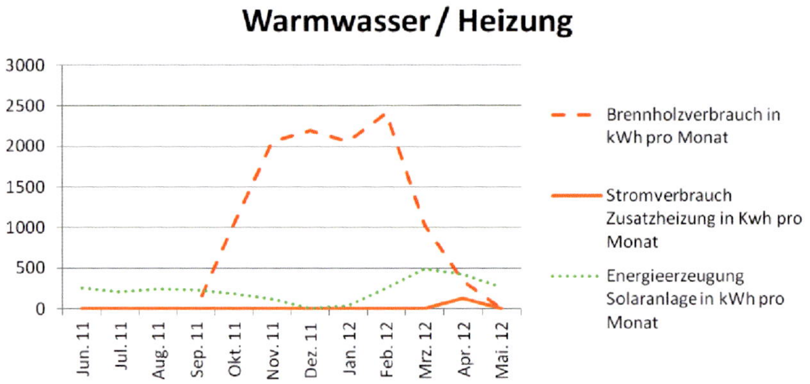

Abbildung 5.2: Brennholz- und Stromverbrauch für Warmwasser und Heizung und Ertrag der Solaranlage in kWh pro Monat über ein Jahr.

er machen. Wenn der Öltank im Keller steht, bemerkt man das nicht. Man bekommt nur einmal im Jahr die "große Rechnung".

5.3 Energieversorgung - Eigenbedarfsdeckung durch Photovoltaik

Zieht man verschiedene Quellen heran, wird der durchschnittliche Stromverbrauch pro Kopf und Jahr mit 1500 bis 1800 kWh für Deutschland angegeben.[AGE] Wie man Abbildung 5.3 entnehmen kann, verbrauchen wir ca. 200 kWh pro Monat in einem 2-Personen Haushalt, somit also ca. 20-25 % weniger Strom als der Durchschnittshaushalt. Und dies obwohl wir regelmäßig den Wäschetrockner (unseren größten Verbraucher), die Spülmaschine und eine Infrarotwärmekabine nutzen. Wie gesagt: Auf einen gewissen Komfort wollen wir nicht verzichten.

Unsere wichtigste Energiequelle ist die "Einsparung". Daher haben wir eine relativ neue Geräteausstattung (alle Geräte sind Energieeffizienzklasse A oder höher). Bei unserem Lichtkonzept setzen wir viele LED-Lampen ein (Einsparung fast 1000 Watt) und wir achten vor allem konsequent auf die Abschaltung aller Stand-by-Geräte. Wir haben beispielsweise immer Doppelsteckdosen installieren lassen, wobei die linke Steckdose mit einem Schalter neben der Tür abgeschaltet werden kann. Somit können wir z. B. eine Stereoanlage mit abschalten, damit kein Standby-Strom gezogen wird, oder aber eine Gefriertruhe oder ein Aquarium von der Abschaltung ausnehmen. Auf diese Weise können wir beispielsweise das komplette untere Stockwerk stromlos schalten. Damit sparen wir nach eigenen Messungen ca. 100 Watt Standby-Strom für die Geräte. Messen Sie mal nach: unsere Kaffeemaschine verbraucht 13 Watt, der Wäschetrockner 7 Watt, die Stehleuchte 26 Watt usw.

Das heißt 0,1 kW x 24 Stunden x 365 Tage x 0,26 €/kWh = 227,76 € pro Jahr für Standby-Strom! Wahnsinn oder?

Die Energie erzeugen wir mit unserer PV-Anlage. Wie man an der gepunkteten Kurve in Abbildung 5.3 sieht, erzeugt unsere Photovoltaikanlage insgesamt fast doppelt so viel Strom wie wir verbrauchen - leider aber nicht immer zum richtigen Zeitpunkt. Von März bis Oktober würde der produzierte Strom, zumindest über den gesamten Monat betrachtet, ausreichen. Die Monate November bis Februar werden nur mit Sonnenenergie schwierig.

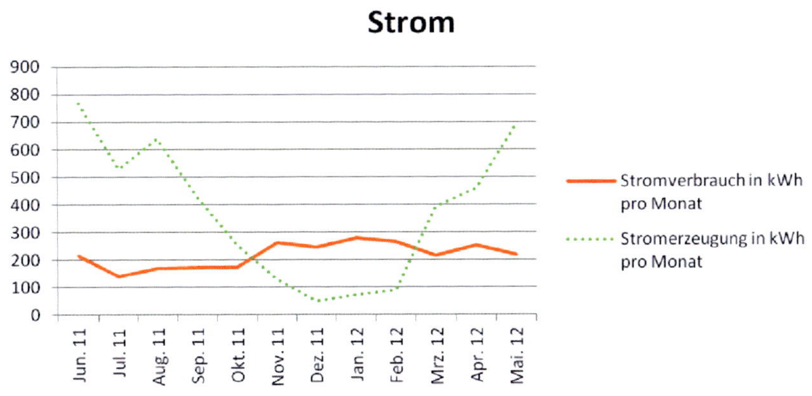

Abbildung 5.3: Stromverbrauch und Stromerzeugung in kWh pro Monat über ein Jahr.

5.4 Energieautark? - Noch ein kleiner Schritt

Unser großer Traum wäre ein komplett energieautarkes Haus. Im Sommer erzeugen wir unseren kompletten Wärmebedarf selbst mit der Solaranlage. Im Winter nutzen wir ausschließlich Holz, also eine regenerative Energiequelle, zur Wärmeerzeugung und dies durch die gute Isolierung nur in sehr geringem Maße. Etwa **0,2-0,3 Hektar nachhaltig bewirtschafteter Wald** sind nötig, um unseren kompletten Brennholzbedarf zu decken.[WOH]

Zur **Energie**: Unsere Photovoltaikanlage erzeugt zwar fast doppelt so viel Strom, wie wir benötigen, allerdings zum falschen Zeitpunkt. Die Stromlücke zwischen Tag und Nacht ließe sich in den Sommermonaten vermutlich durch **Batterien** decken. Wir sind gerade dabei, die notwendige Batterieausstattung zu kalkulieren. Spätestens in den Wintermonaten können allerdings Batterien die entstehende “Energielücke” (vgl. Abbildung 5.3) wohl nicht mehr schließen. Eine andere Möglichkeit wäre die Ergänzung unserer Energieerzeugung, z. B. durch eine **Klein-Windkraftanlage**. Allerdings sind diese im Moment einfach noch zu teuer. Weitere Probleme in einem Wohngebiet sind der durch Gebäude und Bäume usw. recht stark eingeschränkte Windertrag und die vermutlich wenig begeisterten Nachbarn. Auch Förderungen sind uns zum momentanen Zeitpunkt keine bekannt. Des Weiteren stellt sich die Frage, ob wir dann “wirklich” autark wären. Was, wenn es Nacht ist und gerade kein Wind geht?

Mini-Blockheizkraftwerke, bei denen mit Kraft-Wärme-Kopplungssystemen Energie erzeugt und die Abwärme zum Heizen genutzt wird, könnten eine Alternative sein. Bei unserem geringen Wärmebedarf pro Jahr wäre eine derartige Anlage aber auch nur einen Bruchteil der Zeit ausgelastet. Die recht hohen Anschaffungskosten würden sich bei uns nicht amortisieren. Dies mag eine Alternative für Mehrfamilienhäuser oder ältere, schlechter isolierte Häuser sein.

Eine gewisse Hoffnung setzen wir in **intelligente Energiemanagementsysteme**, die sich gerade in der Entwicklung befinden. Die Energie sollte verbraucht werden, wenn sie da ist. Die Waschmaschine sollte sich z. B. einschalten, wenn die Sonne scheint und die Energie billig ist. Da wir beide berufstätig sind, sind wir kaum zu Hause, wenn es genügend Energie gäbe. Folglich wäre ein sehr hoher Automatisierungsgrad der Haustechnik nötig.

Dafür haben wir aber noch keine praktikable Lösung gefunden. Als Energiespeicher wird oft die Elektromobilität als Lösung gesehen. Die Batterien der Autos sollen als Energiespeicher genutzt werden. Unter Tags steht unser Auto aber üblicherweise vor der Arbeit auf dem Großparkplatz, während unsere Photovoltaikanlage zu Hause fleißig Strom produziert.

Wir hoffen, bald eine praktikable und finanzierbare Lösung zu finden, um unseren Traum vom energieautarken Haus erfüllen zu können, und beobachten hierzu den Markt weiterhin intensiv.

6 Das fertige Haus - einige Impressionen (M. & M. Schneider)

Wir möchten Ihnen hier nun noch einige Eindrücke vom fertigen Haus zeigen: Nach Osten zur Straße hin präsentiert sich das Haus in moderner Optik (siehe Abbildung 6.1). Passend gestaltet sind die weißen Steinpflaster im Einfahrts- und Eingangsbereich. So viel zur Frage, ob sich ein Holzhaus verputzen lässt oder wir dann in einer "Almhütte" leben.

Abbildung 6.1: Moderne Optik der Vorderansicht.

Nach Westen hin öffnen 4 große Fenster das Haus zum Garten und lassen reichlich Tageslicht herein (siehe Abbildung 6.2).

Abbildung 6.2: Zur Westseite öffnen vier große Fenster den Wohnraum zum Garten.

Herzlich willkommen! Freundlich werden Gäste im Eingangsbereich in Empfang genommen, wie man in Abbildung 6.3 erkennen kann. Wichtig war uns auch die großzügige Überdachung des Eingangsbereichs - so kommt man "trockenen Fußes" von der Garage ins Haus.

Abbildung 6.3: Modern gestalteter Empfangsbereich außen.

Warm gestaltet sich der Empfang im Innenbereich (siehe Abbildung 6.4). Die Eichenholztreppe mit Handlauf ist eine Spezialanfertigung aus dem gleichen Holz wie der Fußboden. Sowohl die Decke des EG als auch der Sichtdachstuhl, die Fenster und die Fensterbänke sind, obwohl jeweils von unterschiedlichen Lieferanten aus Fichtenholz gefertigt, mit dem gleichen weiß pigmentierten Leinöl lasiert. Es war uns wichtig, möglichst wenige Materialien und Holzarten zu mischen.

Abbildung 6.4: Warmer Empfang in der Diele.

Jeden Tag erfreuen wir uns aufs Neue an der handwerklichen Perfektion. Der Fliesenleger hat die Wand mit italienischem Sandstein gestaltet. Der Bodenleger hat den braun geölten Eichendielenboden im gesamten Erdgeschoss an dieser Wand ausgerichtet, damit die Bodenleuchten in passendem Abstand, jeweils in der Mitte einer Holzdiele, positioniert werden konnten (siehe Abbildung 6.5). An dieser Stelle sei auch noch einmal auf das Lichtkonzept verwiesen. Sie haben in Ihrem eigenen Haus die einmalige Chance, ein individuelles Lichtkonzept umzusetzen. Bitte hängen Sie nicht mangels Zeit oder Kreativität eine Lampe in die Mitte jedes Raumes wie in jedem Mietshaus üblich. Ziehen Sie einen Lichtplaner zurate.

Abbildung 6.5: Handwerkskunst in Perfektion.

Küche und Essbereich sind offen gestaltet (siehe Abbildung 6.6). Die Küche ist in Weiß gehalten, damit das naturbelassene Holz der Decke und des Bodens zur Geltung kommen können.

Unser Tipp: Machen Sie sich Gedanken zu einem Farbkonzept. Üblicherweise wird hier nach Jahreszeiten unterschieden. Unser Haus ist komplett in Herbsttönen gehalten. Die Farben zwischen diesen "Jahreszeiten" sollten zumindest innerhalb eines Raumes nicht gemischt werden. So erzeugen Sie ein harmonisches Bild und erreichen einen eigenen Stil.

Abbildung 6.6: Offener Essbereich.

Im Wohnbereich bildet der Holzofen als Wärmespender für das gesamte Haus einen zentralen Punkt (siehe Abbildung 6.7). Die Wände sind in leicht abgetöntem Weiß bzw. Ockergelb gehalten. Bei den Farben wurden nur reine Lehmfarben verarbeitet. Lehm gibt es in der Natur in erstaunlich vielen Farben, von Schwarz über Grau, Grün, Rot, Blau bis zu Weiß. Farbmischungen, Glanzeffekte und grelle Farben sind natürlich nicht möglich. Es ist übrigens nicht richtig, dass sich Lehmfarben lösen, wenn der Lehm richtig verarbeitet wird. Man hat definitiv keine weißen Flecken auf der Kleidung, wenn man sich an der Wand anlehnt.

Abbildung 6.7: Ofen im Wohnbereich.

Wie Sie sehen, man kann mit diesen uralten Baustoffen sowohl optisch, als auch technisch absolut modern bauen kann. Unser Haus erfüllt den Niedrigstenergiehausstandard - und das nur mit natürlichen Baustoffen. Wir, die Bauherren Margareta und Markus Schneider, haben uns intensiv mit dem Thema nachhaltiges, ökologisches und gesundes Bauen beschäftigt und festgestellt, dass es praktisch keine Ratgeber zu dieser Materie gibt. Es fehlt an grundlegenden Informationen, damit auch andere auf die Idee kommen, auf diese Weise zu bauen.

Am 10.05.2012 wurde im Bayerischen Rundfunk in einer Folge von "La Vita" über das Bauen mit alten Baustoffen, vor allem Lehm und Holz, berichtet. Unser Wohnhaus wurde dort als ein Beispiel gezeigt.

Wir haben unsere Erfahrungen mit diesem Buch allgemein zugänglich gemacht und hoffen damit die Aufmerksamkeit verstärkt auf das ökologische und nachhaltige Bauen zu lenken.

Wir wünschen Ihnen viel Erfolg bei der Verwirklichung IHRES Traums von einem gesunden und wertbeständigen Haus zum Wohlfühlen.

Die Autoren

Abbildung 6.8: Prof. Dr. Markus Schneider (Bauherr)

Herr Prof. Dr. Schneider lehrt an der Hochschule Landshut Produktion und Logistik. Ein wichtiger Aspekt ist für ihn neben der Erhöhung der Effizienz der Unternehmen auch die Steigerung der Nachhaltigkeit der Produktions- und Logistikprozesse. Diese Idee hat er mit dem Bau eines nachhaltigen Hauses auch auf den privaten Bereich übertragen. Sein Credo: "Ich lebe, was ich lehre."

Abbildung 6.9: Mag.rer.soc.oec. Margareta Schneider (Bauherrin)

Frau Schneider ist selbstständige und unabhängige Maklerin für Finanzdienstleistungen. Sie hat sich vor allem mit der Finanzierung dieses ökologischen Bauvorhabens und der Planung beschäftigt. Dies sind die wichtigsten Hebel zur Beeinflussung der gesamtheitlich und langfristig betrachteten Baukosten.

Abbildung 6.10: Dipl. Bauing. FH Michael Guggenberger (Planung und Bauaufsicht)

Michael Guggenberger, Dipl. Bauingenieur FH, verheiratet, zwei Kinder, beschäftigt sich seit über zwei Jahrzehnten professionell mit der Planung und dem Bau von ökologischen und nachhaltigen Wohnhäusern. Begeistert von den natürlichen Baustoffen Holz und Lehm schlägt er für seine Kunden stets Brücken in dem Spannungsfeld zwischen Ökonomie, Ökologie, Wohngesundheit und Ästhetik.

In diesem Buch wird das Ergebnis einer hervorragenden Zusammenarbeit zwischen Planer und Bauherren dokumentiert. Von dem entstandenen Wohnhaus profitieren Mensch und Umwelt auf nachhaltige Weise.

Abkürzungsverzeichnis

Äqu.	Äquivalent
BGI	Berufsgenossenschaften-Information
DDT	Dichlordiphenyltrichlorethan, Insektizid
EnEV	Energieeinsparverordnung
EPS	Expandierendes Polystyrol-Hartschaum, z. B. Styropor
FAQs	Frequently Asked Questions
GWP	Treibhauspotenzial, engl. Global Warming Potential
HBCD	Hexabromcyclododecan, additives Flammschutzmittel
K	Kelvin, Temperatureinheit
MCS	Multiple Chemische Sensibilität
MJ	Megajoule
OSB-Platte	Grobspanplatte, engl. oriented stand board
PAK	Polycyclische aromatische Kohlenwasserstoffe
PCB	Polychlorierte Biphenyle
PCP	Pentachlorphenol
PE	Primärenergiebedarf, nicht erneuerbar
PP	Polypropylen
PUR	Polyurethan
PV	Photovoltaik
PVC	Polyvinylchlorid
REA	Rauchgas-Entschwefelungsanlage
SVOC	Semi Volatile Organic Compounds
U-Wert	Wärmedurchgangskoeffizient
(V)VOC	(Very) Volatile Organic Compounds
WDVS	Wärmedämmverbundsystem
WsV095	Wärmeschutzverordnung von 1995
XPS	Extrudierter Polystyrol-Hartschaum, z. B. Styrodur

Literaturverzeichnis

[AGE] http://www.agenda21-treffpunkt.de/daten/Strom.htm

[APU] http://www.apug.de/archiv/pdf/ratgeber_wohnen.pdf

[BAU] http://www.baubio-logisch.de/pdf/Stephan%20Streil%20-%20Schadstoffe-Isocyanate-W+G%20120.pdf

[BER] Berg et al.: Schadstoffe in Innenräumen und an Gebäuden, Rudolf Müller Verlag, Köln, 2010

[BMU] http://www.bmu.de/gesundheit_und_umwelt/innenraumluft/kurzinfo/doc/2461.php

[DGUV] http://publikationen.dguv.de/dguv/pdf/10002/bgi560.pdf

[ESH] http://www.einsteinsommerhaus.de

[FOR] http://www.forst.bayern.de/mam/cms02/waldschutz/dateien/waldbericht-2011.pdf

[GEO] http://de.wikipedia.org/wiki/Geomantie

[HOL] http://www.holzfragen.de/seiten/din4074_sortierklassen.html

[IAR] http://www.iarc.fr/en/media-centre/pr/2011/pdfs/pr208_E.pdf

[KLI] Klingler H.: Gesamtenergetische Betrachtung und Ökobilanzierung eines realen Einfamilienhauses aus vorwiegend nachwachsenden Rohstoffen, sowie Vergleich mit konventionellen Bauten, Bachelorarbeit an der Hochschule Landshut, 2011

[MUC] Mücke W. (Hrsg.): Innenraumbelastung durch flüchtige organische Verbindungen VOC, Herbert Utz Verlag GmbH, München, 2004

[MUE] Müller et al. (2009): Energieeffiziente Fabriken planen und betreiben, Springer Verlag, Heidelberg u. a., 2009

[REC] Reckeweg H.: Homotoxikologie - Ganzheitsschau einer Synthese der Medizin, Aurelia Verlag, Baden-Baden, 1975

[ROS] Rosen von J.: Naturheilkunde für jeden - Wegweiser für eine bessere Gesundheit, Via Nova Verlag, Straubing, 2011

[SCH] http://www.schimmel-beratung.de/html/schimmel-studie.de

[SEH] http://www.sentinel-haus.eu/das-konzept/wohngesundheit-kurz-und-knapp/

[SLA] http://www.stadtwerke-landshut.de/produkte-leistungen/wasser/tarife.htm

[STA] http://de.statista.com/themen/153/wasserverbrauch/

[STI] Stimpel R.: In 10 Schritten zum Eigenheim, Linde International, Wien, 2010

[THO] Thoma E.: Vollholz Häuser - Das Baum-Prinzip für naturnahes Wohnen, Christian Brandstätter Verlag, Wien, 2008

[THO2] Thoma E.: Dich sah ich wachsen, 8. Auflage, Christian Brandstätter Verlag, Wien, 2007

[UBA1] http://www.umweltbundesamt.de/gesundheit/stoffe/voc.htm

[UBA2] http://www.umweltbundesamt.de/gesundheit/innenraumhygiene/bauprodukte.htm

[UBA3] http://www.umweltbundesamt.de/gesundheit/innenraumhygiene/dicke-luft.htm

[UBA4] http://www.umweltbundesamt.de/gesundheit/innenraumhygiene/schimmel.htm

[UWD] http://www.umweltdaten.de/publikationen/fpdf-l/189.pdf

[WOH] Wohlleben P.: Der eigene Wald, Ulmer Verlag, 2010)

[ZWM] Zwiener G.; Mötzl H.: Ökologisches Baustoff-Lexikon, Müller C.F., Heidelberg, 2006